中国水利教育协会　组织

全国水利行业“十三五”规划教材（职工培训）

防汛抗旱
与应急管理实务

主　编　曾　越
主　审　吴海真

中国水利水电出版社
www.waterpub.com.cn
·北京·

内 容 提 要

本书是全国水利行业“十三五”规划教材（职工培训）。全书理论体系完整，深入浅出，所述应急管理技术具备实用性和可操作性。全书共分为六章，主要介绍了洪水灾害与防御措施、干旱灾害与防御措施、防汛抗旱组织与职责、防汛应急管理、抗旱应急管理和常见险情处理技术。

本书既可作为水利专业技术人员和基层水利职工的培训教材，也可作为大专高职院校的参考教材。

图书在版编目（CIP）数据

防汛抗旱与应急管理实务 / 曾越主编. -- 北京 : 中国水利水电出版社, 2017.5(2023.8重印)
全国水利行业“十三五”规划教材. 职工培训
ISBN 978-7-5170-5409-2

Ⅰ. ①防… Ⅱ. ①曾… Ⅲ. ①防洪－职业培训－教材 ②抗旱－职业培训－教材 Ⅳ. ①TV87②S423

中国版本图书馆CIP数据核字(2017)第100632号

书　名	全国水利行业“十三五”规划教材（职工培训） **防汛抗旱与应急管理实务** FANGXUN KANGHAN YU YINGJI GUANLI SHIWU
作　者	主编　曾越　主审　吴海真
出版发行	中国水利水电出版社 （北京市海淀区玉渊潭南路1号D座　100038） 网址：www.waterpub.com.cn E-mail：sales@mwr.gov.cn 电话：（010）68545888（营销中心）
经　售	北京科水图书销售有限公司 电话：（010）68545874、63202643 全国各地新华书店和相关出版物销售网点
排　版	中国水利水电出版社微机排版中心
印　刷	北京印匠彩色印刷有限公司
规　格	184mm×260mm　16开本　8.5印张　202千字
版　次	2017年5月第1版　2023年8月第3次印刷
印　数	5001—7000册
定　价	**33.00**元

前言

我国处于季风气候区，暴雨洪水十分频繁，是世界上水灾频发且影响范围较广泛的国家之一。同时，我国干旱区面积约占国土总面积的47%，干旱导致粮食减产、水资源短缺和生态环境恶化。洪涝和干旱是我国国民经济和社会持续发展的心腹之患。

我国在水利建设方面投入很大，在防御洪涝和干旱灾害方面做出了很多努力，取得了巨大的成就。但由于气候的异常变化、社会经济的高速发展和人类活动的频繁，防御水旱灾害，最低限度减少人员伤亡和财产损失，关系到社会安定、经济发展、生态环境改善和人们生活水平的提高。由此可见，防灾减灾工作仍然是我国一项长期且艰巨的任务。在新形势下，广大水利基层领导和技术干部职工都需要提高防汛抗旱的理论知识水平和实务操作水平，以便于今后更高效地从事防汛抗旱工作。

为深入贯彻落实《国家中长期人才发展规划纲要（2010—2020）》《国家中长期教育改革和发展规划纲要（2010—2020）》精神，进一步提高水利专业人才培养质量和教育培训针对性，更好地为水利人才队伍建设服务，按照《全国水利人才队伍建设“十三五”规划》部署，编写了本书。全书共分六章，主要介绍了洪水灾害与防御措施、干旱灾害与防御措施、防汛抗旱组织与职责、防汛应急管理、抗旱应急管理、常见险情处理技术。

本书由广东水利电力职业技术学院曾越任主编，四川水利职业技术学院田明武、辽宁水利职业学院许明丽任副主编，江西水利职业学院吴海真任主审，山东水利职业学院周长勇、山西水利职业技术学院刘贤娟也参与了本书的编写。

在编写过程中，有关院校和单位的同行对本书提出了许多宝贵意见，并提供了热情协助。本书引用了有关院校和生产科研单位的技术文献资料，恕未在书中一一注明。在此，对有关作者表示诚挚的谢意。

限于作者水平，书中难免存在欠妥之处，敬请专家和读者批评指正。

编　者

2016年9月

目　录

第一章　洪水灾害与防御措施

第一节　洪　　水

洪水是指河流、湖泊、沼泽和人工水库等地表水体所含的水量超过多年平均水量的一种水流现象。

一、洪水类型

根据洪水的成因可分为暴雨洪水、山洪、溃坝洪水、融雪洪水、冰凌洪水等。

1. 暴雨洪水

暴雨引起的江河水量迅速增加并伴随水位急剧上升的现象，称为暴雨洪水。按暴雨的成因可分为雷暴雨洪水（也称骤发暴雨洪水）、台风暴雨洪水、锋面暴雨洪水。暴雨洪水年际变化很大，在同一流域，常年出现的暴雨洪水与偶尔出现的特大暴雨洪水，在量级上悬殊，洪水过程特征也不完全一致。中国河流的主要洪水大多是暴雨洪水，它多发生在夏、秋季节，南方一些地区春季也有发生。暴雨产生洪水，降雨量是首先要关注的重要技术数据。降水等级划分见表 1-1。

表 1-1　　降水等级划分表

降水等级	小雨	中雨	大雨	暴雨	大暴雨	特大暴雨
24 小时降水总量/mm	<10.0	10.0～24.9	25.0～49.9	50.0～99.9	100.0～249.9	≥250.0
12 小时降水总量/mm	<5.0	5.0～14.9	15.0～29.9	30.0～69.9	70.0～139.9	≥140.0

强度大、笼罩范围广的暴雨，是形成江河特大洪水的主要原因。我国大面积暴雨时空尺度特征在地区上有一定差别，黄河流域及其以北地区，一次大暴雨历时一般为 2～7 天，笼罩面积 3 万～10 万 km^2，总降水量 100 亿～550 亿 m^3；长江中下游一次大暴雨历时 5～9 天，笼罩面积 10 万～20 万 km^2，总降水量 300 亿～700 亿 m^3；东南沿海热带风暴和台风引发的大暴雨，一般历时 1～2 天，笼罩面积在 8 万 km^2 以下，相应总降水量 100 亿～170 亿 m^3。

大范围暴雨主要由两类天气系统形成：一类是西风带低值系统，包括锋、气旋、切变线、低涡和槽等，影响我国大部分地区，这类暴雨一般持续时间长，覆盖面广，降水总量大，大江大河洪水主要由这类暴雨形成；另一类为低纬度热带天气系统，主要是热带风暴和台风，主要影响东南沿海地区和华南各省，洪水峰高量大，可以在较大范围造成严重的洪水灾害。此外，西北干旱和半干旱地区，受夏季强对流天气影响易产生短历时局地性大暴雨。如 1976 年 7 月 25 日甘肃省陇南市宕昌县化马乡 3 小时雨量达 343mm，而暴雨范围仅 50km^2，这类短历时大暴雨，对局部地区可造成毁灭性灾害。

每年大暴雨洪水发生的季节有一定规律。一般情况，4 月上旬至 8 月中旬随着西太平洋副热带高压脊线从南向北移动，夏季集中雨带也逐步从华南向江淮、华北、东北地区推进，依次形成4月、5月珠江流域前汛期洪水，6月、7月江淮梅雨锋暴雨洪水和7月、8月华北、东北地区盛夏暴雨洪水。如果天气活动反常，副高脊线在华南上空停滞时间过长，长江中下游和淮河流域形成长时间梅雨期，连续出现大面积暴雨，江淮流域必将形成大范围洪涝灾害，1931年、1954年和1998年特大洪水，都是在这种天气背景下形成的。

7月、8月当副高脊线北移，产生于西太平洋的热带风暴和台风在我国东南沿海频繁登陆，南部地区出现第二次暴雨洪水高峰。少数台风深入内陆，与西风带低值系统结合，常常可以形成强度很高的大面积降雨。例如：1935年7月，长江中游湘、鄂西地区持续5天特大暴雨，暴雨中心五峰累计雨量1281.8mm，暴雨区范围达12万km^2，长江中游澧水、清江、汉江等大支流同时暴发特大洪水。澧水三江口水文站洪峰流量达31100m^3/s，接近世界最大洪水外包值。1963年8月海河特大暴雨，1975年8月淮河上游特大暴雨都具有这种性质。

暴雨洪水的地区分布从黑龙江省呼玛县沿大兴安岭经阴山、贺兰山到西藏高原东南部，这条东北—西南向的斜线相当于年均24h雨量50mm等值线的位置，将我国大陆分成面积大致相等的东、西两大部分。东部地区暴雨发生的频率高、洪水量值大，是我国主要暴雨洪水区；西部地区虽然也可以产生暴雨，但发生的频率低，范围也比较小。

2. 山洪

山洪是指山区河流溪沟发生的暴涨暴落洪水及伴随发生滑坡、崩塌、泥石流的总称。其中暴雨引起的山洪最为常见，持续降雨或短时强降雨汇聚成地表径流，导致溪沟水位暴涨，产生溪河洪水；洪水挟带大量砂石成为泥石流；因降雨导致山体松动滑落，形成山体滑坡。

山洪因其所流经的沟道陡峻，地质条件复杂，具有历时短、流速快、冲刷力强、挟带泥石多、破坏力大等特点。由暴雨引起的山洪，其历时不过几十分钟到几小时，很少一天或持续几天，常造成局部性洪灾。我国山区面积占全国总面积的2/3以上，全国半数以上的县都有山区，山洪现象颇为普遍。山洪常造成人民生命财产的损失，毁坏房屋、农田、道路和桥梁等，甚至可能导致水坝、山塘溃决，对国民经济和人民生命财产造成严重危害。但山洪涨落迅猛、沟道又短，一般水文预报方法难以满足预见期的要求，常用水文气象或物象测雨及当地的天气谚语预报。

泥石流暴发突然，运动快速、历时短暂、破坏力极大。泥石流是特殊的固体径流，固体物质含量很高（可达30%～80%）。流体做直线惯性运动，遇障碍物不绕流而产生阻塞、堆积等正面冲击作用，常造成生命财产重大损失，其危害程度往往比单一的滑坡和洪水的危害更为广泛和严重，常常掩埋整个村庄或城镇。我国泥石流易发地区主要分布在青藏高原及西南山区，华北和东北的部分山区以及海南省、台湾地区等地亦有零星分布。

3. 溃坝洪水

溃坝洪水是指大坝在蓄水状态下突然崩溃而形成的向下游急速推进的特大洪流，习惯上把因地震、滑坡或冰川堵塞河道引起水位上涨后，堵塞处突然崩溃而暴发的洪水也归入溃坝洪水。溃坝洪水的洪峰流量、运动速度、破坏力远远大于一般暴雨洪水或融雪洪水，其破坏能力与库蓄水体、坝前上游水深、水头、溃决过程及坝址下游河道的两岸地形密切相关：溃前库蓄水体越大，坝址水头越高，破坏力也越大。溃坝洪水造成的灾害往往是毁灭性的。溃坝的发生和溃坝洪水的形成通常历时短暂，难以预测，世界各国都很重视，并有各种溃坝洪水的计算方法。

4. 融雪洪水

融雪洪水是指以积雪融水为主要来源而形成的洪水。影响融雪洪水大小和过程的主要因素是：积雪的面积、雪深、雪密度、持水能力和雪面冻深，融雪的热量（其中一大半为太阳辐射热），积雪场的地形、地貌、方位、气候和土地使用情况，这些因素彼此间有交叉影响。融雪洪水在春、夏两季常发生在中高纬度和高海拔地区，主要分布在新疆阿尔泰和东北一些地区河流，其冬季的积雪较厚，随着春季气温大幅度升高，各处积雪同时融化，江河中流量或水位突增形成融雪洪水。发生时间一般在4—5月，最迟6月就结束。

5. 冰凌洪水

由于某些河段由低纬度流向高纬度，在气温上升、河流开冻时，低纬度的上游河段先行开冻，而高纬度的下游河段仍封冻，上游河水和冰块堆积在下游河床，形成河坝。由于大量冰凌阻塞形成的冰塞或冰坝拦截上游来水，导致上游水位壅高，在冰塞溶解或冰坝崩溃时槽蓄水量迅速下泄形成了冰凌洪水。一般可分为冰坝洪水与冰塞洪水。

6. 其他

（1）战争。1938年，蒋介石为阻止日寇进攻，下令在河南省中牟县赵口和郑州市花园口扒开黄河大堤，洪水以高丈余水头破堤而出，直奔东南，在安徽怀远一带汇入淮河，千里平原顿成泽国，泛区长约400km，宽30～80km，使河南、安徽、江苏三省44县，54000多km^2土地、1250多万群众、1000多万亩耕地遭受洪水袭击，淹死和病饿而亡共89万余人。

（2）地震。1933年8月25日，四川叠溪发生7.5级地震，山体崩塌堵塞岷江，形成4个堰塞湖。震后45天，崩塌堵坝溃决，水头高达20丈，洪水泛滥千余公里，死亡2万余人，冲毁农田5万余亩。2008年5月12日，四川汶川发生8.0级地震，由于山体崩塌，形成34个堰塞湖，其中唐家山堰塞湖最大库容约2.6亿m^3，坝前最大水深约77m。经过开挖泄洪槽，利用水流冲刷作用，形成1/3溃坝，对下游产生较小的损害，没有一例人员伤亡，顺利解除险情。

二、洪水等级

洪水标准有洪峰、洪量、洪水位三个重要数据。洪峰是指一次暴雨洪水发生的最大流量数值（也称“峰值”，以m^3/s计）；洪量是指一次暴雨洪水产生的洪水总量（以亿m^3或万m^3计）；洪水位是指一次洪水引起河道或水库水位上涨达到的数值，以高程“m”计，其最大数值称为“最高洪水位”。影响河道防洪安全的关键在“峰”，也就是一次暴雨洪水发生的洪峰流量和最高水位；影响水库安全的关键在“量”，也就是一次暴雨洪水发生的洪水总量与最高库水位。

按洪水出现的稀有程度来确定它的大小和等级，在数理统计学上称为“概率”，在水文学上则习惯称为“频率”，属于洪水要素方面的，称为“洪水频率”，常以％表示，水文上一般采用0.01％、0.1％、1％、10％、20％来衡量不同量级的洪水。洪水频率越小，表示某一量级以上的洪水出现的机会越少，数值越大；反之，则出现的机会越多，数值越小。如洪水频率为1%，则为100年一遇洪水。水文上除采用洪水频率定量地衡量洪水的大小外，也常用重现期（以年为单位）来代替，重现期是指某洪水变量大于或等于一定数值在很长时期内平均多少年出现一次的概念，如某一量级洪水的重现期为100年（俗称100年一遇洪水），是指大于或等于这样的洪水在很长时期内平均每100年出现一次的可能性，但不能理解为每隔100年出现一次。实际情况是超过这种洪水可能100年内不止一次，也可能一次都不出现。

河道洪水等级一般以洪峰流量的重现期为标准，水库洪水等级一般以洪水总量的重现期为标准（洪峰流量也是重要数据）。洪水等级划分见表1-2。

表1-2　　洪水等级划分表

洪水级别	一般洪水	较大洪水	大洪水	特大洪水
洪水频率	5～10年一遇	10～20年一遇	20～50年一遇	大于50年一遇

三、水位

水位是防洪保安的重要考核标准。

1. 河道防汛水位

河道防汛水位主要分为设防水位、警戒水位、保证水位和分洪水位四项。

（1）设防水位。当江河洪水漫滩后，堤防开始临水，需要防汛人员巡查防守时的规定水位。我国南方诸河需要这个水位。

（2）警戒水位。堤防临水到一定深度，有可能出现险情，需要防汛人员上堤巡堤查险，做好抗洪抢险准备的警惕戒备水位。

（3）保证水位。保证水位是经过上级主管部门批准的设计防洪水位或历史上防御过的最高洪水位。当水位接近或达到保证水位时，防汛进入紧急状态，防汛部门要按照紧急防汛期的权限，采取抗洪抢险措施，确保堤防等工程的安全。在没有水文站的堤段，一般以堤顶以下1m为保证水位，在保证水位以下要确保河道安全行洪，称为“有限保证”；超过保证水位也要全力抢险，力保堤防安全，称为“无限负责”，但出了问题就不再追究防汛“责任”了。

（4）分洪水位。当汛期河道上游洪水来量超过下游河道安全保证标准时，为保下游、保大局安全，需要向蓄滞洪区分泄部分洪水时的水位称为分洪水位。一般由省防汛指挥机构确定，并根据上游来水情况和下游泄水情况确定是否采取分洪措施，以便提前通知有关蓄滞洪区做好分洪准备，提前转移避险，确保人身安全，并利用河道分洪进行冲淤和调洪补水，尽量减少分洪损失。

2. 水库水位

常用的水库水位防洪调度指标主要有以下五项：

（1）防洪限制水位。它是汛期允许兴利蓄水的上限水位，简称“汛限水位”，是洪水来临之前不准超过的水位，也是水库在汛期预留所需防洪库容的下限水位。

（2）正常蓄水位。也称设计兴利水位，是设计保证生产生活用水应当蓄到的高水位。

正常蓄水位与死水位（允许水库降落的最低水位）之间的库容称为兴利库容。

（3）防洪高水位。水库遇到下游防护对象的设计洪水标准时，在坝前达到的最高水位。只有当水库承担下游防洪任务时，才需确定这一水位。防洪高水位至防洪限制水位之间的库容称为防洪库容。

（4）设计洪水位。当水库遇到设计标准的洪水时（如100年一遇、500年一遇等），坝前达到的最高水位。设计洪水位与汛限水位之间的库容称为拦洪库容。

（5）校核洪水位。当水库遇到校核标准的洪水时（如2000年一遇、1万年一遇），在坝前达到的最高洪水位。校核洪水位与汛限水位之间的库容称为调洪库容；校核洪水位以下的全部静库容称为总库容。

水库特征水位与特征库容如图1-1所示。

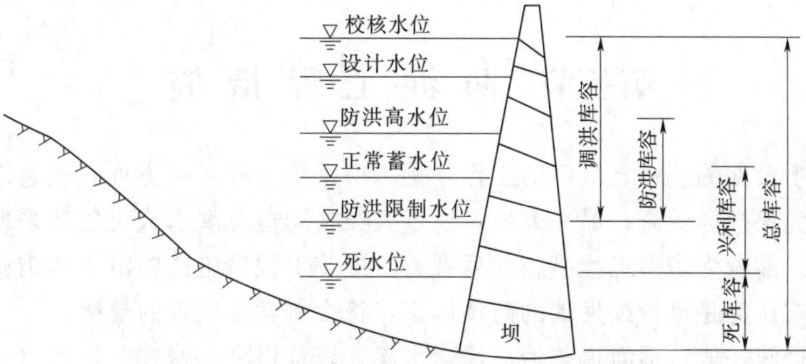

图1-1 水库特征水位与特征库容示意图

第二节 洪 水 灾 害

我国幅员辽阔，地形复杂，季风气候显著，是世界上水灾频发且影响范围较广泛的国家之一。全国约有35%的耕地、40%的人口和70%的工农业生产经常受到江河洪水的威胁。江河洪水泛滥在各种自然灾害中造成的损失最大，占总损失量的1/3以上。

在新中国成立前的2000多年中，平均两年发生一次水灾，黄河平均百年一改道，长江平均10年闹一次大水。1931年长江和淮河流域发生大洪水，长江中下游干流堤防决口300多处，沿江城市几乎全部受淹，淮北平原一片汪洋。两流域共受灾耕地890多万hm^2，有4887万人受灾，共死亡36.5万人。

1950年以来，全国农田年均洪涝受灾1.3亿亩。1954年8月长江大水，武汉站洪峰流量高达76100m^3/s，临时分洪水量达1023亿m^3，京广铁路有100天无法正常通车。1965年7月至8月上旬，黄淮地区的洪灾导致受灾农田面积约300万hm^2，倒塌房屋约42万间，死亡人数260余人（另有295人失踪），受伤人数290余人。1968年6月中旬至7月上旬，华南、江南淹没农田53万余hm^2，倒塌房屋约1万间，死亡人数264人（另有44人失踪），受伤人数324人。1969年6月下旬至7月中旬，长江中下游地区受涝面积达300余万hm^2，倒塌房屋约60万间，死亡人数1806人（另有3040人失踪），受伤人数345人。1974年7月至8月中旬，江苏、安徽、山东受灾农田约170万hm^2，倒塌房屋约

100万间，死亡人数342人。1975年淮河大水，河南省板桥水库漫坝失事，6亿m^3洪水5小时内泄空，以6m/s的速度冲向下游，水面宽约10km，水深4～5m，京广铁路铁轨被拧成麻花，数万人遭受灭顶之灾。1998年长江、松花江、西江等江河发生大洪水，全国共造成农田洪涝受灾1378万hm^2，直接灾害损失2551亿元。2003年，全国受灾人口2.26亿人，因灾死亡1551人，因灾造成各类直接损失达1300多亿元。2007年，全国31个省（自治区、直辖市）都不同程度地遭受了洪涝灾害，受灾人口1.8亿人，因灾死亡1203人，直接经济损失1071亿元。

不但我国和其他发展中国家洪水灾害不断，就连美国、日本等发达国家洪水问题也未完全解决。1993年美国密西西比河特大洪水，干流决口1000余处，淹没农田1.2亿亩，经济损失180多亿美元；日本1982年洪灾损失13883亿日元（折合人民币1100多亿元）。

第三节　防洪工程措施

防洪是一项长期的复杂且艰巨的工作，是一项系统工程。一方面，通过改变洪水天然运动特性以避免保护区受淹；另一方面，通过人类主动适应洪水或灾害后采取措施减少洪水的不利影响。前者为防洪工程措施，后者为防洪非工程措施。防洪工程措施和防洪非工程措施相结合被认为是可持续发展的防洪体系，符合科学发展观的规律。

防洪工程措施一般包括河道整治、修建水库、修筑堤坝、修建分洪区（或滞洪、蓄洪区）等。

一、河道整治

河道整治是指为防洪、航运、供水、排水及河岸洲滩的合理利用，按河道演变的规律，因势利导，调整、稳定河道主流位置，以改善水流、泥沙运动和河床冲淤部位的工程措施。

1. 河道整治类型

（1）山区河道整治。主要有渠化航道、炸礁、除障、改善流态与局部疏浚等。

（2）平原河道整治（含河口段）。主要有控制和调整河势、裁弯取直、河道展宽及疏浚等。

2. 河道规划

早在4000年前，我国就有“禹疏九河，导流入海”的传说。明代潘季驯治理黄河颇有成效，著有《河防一览》，其中“以河治河，束水攻沙”的理论极具创见性和科学性，流传久远。随着近代水力学、河流动力学、河道泥沙工程学的发展，河工模型试验的发展及工程材料的改进，河道整治发展到一个新的阶段。河道整治首要的是拟定整治规划，包括全河规划和分段规划。规划中需密切注意上下游、左右岸的关系，根据水文泥沙、地形、地质、河形特性与已建工程现状、河势演变规律，以及有关社会经济发展状况等，遵循有关方针政策，提出整治方案。重要河段整治要建立数学模型与河工模型试验，以选定有利的实施方案。规划的主要内容为：

（1）拟定防洪设计流量、设计水位。

（2）拟定治导线，即在设计水位下的河道平面轮廓线。

（3）拟定工程措施。整治工程是在拟定的治导线与河势规划的指导下，分河段实施。一般先满足防洪要求，同时充分考虑航运等有关部门的要求。

3. 整治措施

河道整治的主要措施有：

（1）修建河道整治建筑物。主要有平顺护岸、顺坝、丁坝、矶头、锁坝、潜坝、鱼嘴及导流屏等。其使用材料多为土石料、混凝土（块、板及排）、埽料及土工织物等。

（2）实施河道裁弯工程。适用于蜿蜒型河道，其能增加河段泄洪能力，降低洪水位，缩短航程。

（3）实施河道展宽工程。适用于狭窄但有展宽条件的河段。

（4）疏浚。可用机械开挖、爆破或人工开挖，以增加通航水深及过流断面。

二、修建水库

水库是指在山沟或河流的狭口处建造拦河坝形成的人工湖泊。水库建成后，可起防洪、蓄水灌溉、供水、发电、养鱼等作用。有时天然湖泊也称为水库（天然水库）。

水库是我国防洪广泛采用的工程措施之一。在防洪区上游河道适当位置兴建能调蓄洪水的综合利用水库，利用水库库容拦蓄洪水，削减进入下游河道的洪峰流量，达到减免洪水灾害的目的。水库对洪水的调节作用有滞洪和蓄洪两种方式。滞洪就是使洪水在水库中暂时停留。当水库的溢洪道上无闸门控制，水库蓄水位与溢洪道堰顶高程平齐时，则水库只能起到暂时滞留洪水的作用。在溢洪道未设闸门情况下，在水库管理运用阶段，如果能在汛期前用水，将水库水位降到水库限制水位，且水库限制水位低于溢洪道堰顶高程，则限制水位至溢洪道堰顶高程之间的库容，就能起到蓄洪作用。蓄在水库的一部分洪水可在枯水期有计划地用于兴利需要。当溢洪道设有闸门时，水库就能在更大程度上起到蓄洪作用，水库可以通过改变闸门开启度来调节下泄流量的大小。由于有闸门控制，所以这类水库防洪限制水位可以高出溢洪道堰顶，并在泄洪过程中随时调节闸门开启度来控制下泄流量，具有滞洪和蓄洪双重作用。

三、堤防工程

沿河、渠、湖、海岸或行洪区、分洪区、围垦区的边缘修筑的挡水建筑物称为堤防。堤防是世界上最早广为采用的一种重要防洪工程。

河道堤防是我国防洪工程体系的重要组成部分。在长江、黄河、珠江等七大江河的中下游地区，堤防是防御洪水的最后屏障。筑堤是防御洪水泛滥，保护居民和工农业生产的主要措施。河堤约束洪水后，将洪水限制在行洪道内，使同等流量的水深增加，行洪流速增大，有利于泄洪排沙。堤防还可以抵挡风浪及抗御海潮。堤防按其修筑的位置不同，可分为河堤、江堤、湖堤、海堤以及水库、蓄滞洪区低洼地区的围堤等；按其功能可分为干堤、支堤、子堤、遥堤、隔堤、行洪堤、防洪堤、围堤（圩垸）、防浪堤等；按建筑材料可分为土堤、石堤、土石混合堤和混凝土防洪墙等。

四、蓄滞洪区

蓄滞洪区主要是指河堤外洪水临时储存的低洼地区及湖泊等，其中多数历史上就是江河洪水淹没和蓄洪的场所。

蓄滞洪区包括行洪区、分洪区、蓄洪区和滞洪区。行洪区是指天然河道及其两侧或河岸大堤之间，在大洪水时用以宣泄洪水的区域；分洪区是利用平原区湖泊、洼地、淀泊修筑围堤，或利用原有低洼圩垸分泄河段超额洪水的区域；蓄洪区是分洪区发挥调洪性能的一种，它是指用于暂时蓄存河段分泄的超额洪水，待防洪情况许可时，再向区外排泄的区域；滞洪区也是分洪区起调洪性能的一种，这种区域具有“上吞下吐”的能力，其容量只能对河段分泄的洪水起到削减洪峰或短期阻滞洪水的作用。

蓄滞洪区是江河防洪体系中的重要组成部分，是保障重点防洪安全、减轻灾害的有效措施。为了保证重点地区的防洪安全，将有条件地区开辟为蓄滞洪区，有计划地蓄滞洪水，是流域或区域防洪规划现实与经济合理的需要，也是为保全大局而不得不牺牲局部利益的全局考虑。从总体上衡量，保住重点地区的防洪安全，使局部受到损失，有计划地分洪是必要的，也是合理的。目前，我国主要蓄滞洪区有98处，主要分布在长江、黄河、淮河、海河四大河流的中下游平原地区。

蓄滞洪区启用应按照既定的流域或区域防御洪水调度方案实施，其启用条件是：当某防洪重点保护区的防洪安全受到威胁时，按照调度权限，根据防御洪水调度方案，由相应的人民政府、防汛指挥部下达启用命令，由蓄滞洪区所在地人民政府负责组织实施。蓄滞洪区启用前必须做好如下准备工作：做好蓄滞洪区实施的调度程序；做好分洪口门和进洪闸的开启准备，无闸门控制的要落实口门爆破方案和口门控制措施；做好区内群众的转移安置工作等。

五、分洪工程

分洪工程是在河流的适当地点修建引洪道或分洪闸，分泄部分洪水，将超过河道安全泄量的洪峰流量分泄出去，减轻下游河道的洪水负担。

我国许多河流现有防洪能力不足，防洪标准不高，为了防御较大洪水，大多建有分洪工程。分洪工程因分出洪水的归宿不同，大体上有以下几种类型：①直接分洪入海的称为入海减河；②分洪入邻近河道或经调蓄即回归原河道的称为分洪道；③分洪入邻近湖泊洼淀，停蓄一段时间后仍回归原河道；④分洪入蓄洪垦殖区。习惯上把后两类容纳洪水的地方统称为蓄滞洪区。

第四节　防洪非工程措施

人口的迅速增长和社会财富的不断积累，加之对洪泛平原过度和无序地开发，致使虽然已修建了大量防洪工程，但洪灾损失仍然有增无减。在经济发达国家，条件较好的防洪工程多已建成，由于社会和生态环境保护等方面的原因，继续修建防洪工程遇到了越来越大的阻力和困难；而经济欠发达国家则因防洪工程投资巨大和防洪工程效益费用比日趋下降等因素，也深感修建大型防洪工程十分艰难。各地超标准洪水频繁发生，迫切需要提高防洪标准。然而防洪工程的防洪标准毕竟是有限的，人们不可能完全希冀于防洪工程措施解决洪水灾害问题。基于上述事实，人们开始反思人与洪水的关系，希望找到适应当代和未来人水关系的防洪减灾策略。正是在这样的背景下，现代意义下的防洪非工程措施被提出并受到广泛的认同。

一、洪水预报

洪水预报是根据洪水形成和运动规律，利用过去和现在的水文气象资料，预测未来一定时段内的洪水情况。它是防汛抢险和防洪系统调度运用的决策依据，同时也为水资源的合理利用和保护、水利工程的建设和管理运用及工农业的安全生产服务。主要预报项目为洪峰水位、最大流量、洪峰出现时间和一次洪水总量等。通常，把预见期在 2 天以内的称为短期预报；预见期在 2～10 天的称为中期预报；预见期在 10 天以上、一年以内的称为长期预报。由于大气环流、海洋潮汐、各种地球物理因子和下垫面产流、汇流条件等对洪水形成和演变都能产生影响，故短期洪水预报多采用基于物理成因的经验方法，而中、长期预报更与天气气候、气象预报紧密关联，且影响长期天气过程变化的因子尤为复杂，故其预报方法尚处于研究探索阶段。一般来说，洪水预报精度越高，预见期越长，减少洪水灾害损失的作用就越大，更能充分发挥水利工程的减灾效益。

在实际工作中，我国一线洪水预报常用的方法分为两大类：流域降雨径流预报和河道预报。流域降雨径流预报产流阶段的计算方法主要有降雨径流相关图、产流公式、蓄满产流模型；汇流阶段的计算方法主要有谢尔曼单位线、汇流系数、Nash 单位线、非线性单位线、扩散模型；河道预报河道汇流的计算方法主要有水位流量相关法、马斯京根法、汇流系数、调洪演算、洪峰相关；河道预报区间降雨径流产流的计算方法主要有降雨径流相关图、产流公式、蓄满产流模型；河道预报区间降雨径流汇流的计算方法主要有谢尔曼单位线、经验汇流、峰量相关、扩散模型。其中次洪前期雨量指标（API）模型的降雨径流相关图、谢尔曼单位线和马斯京根法于 20 世纪 30 年代产生，经过实践的淘汰筛选，成为传统预报方法的主流。

洪水预报系统是各项洪水预报技术的集成，是一项重要的防洪减灾的非工程处理技术。在洪水到达之前，利用卫星、雷达和电子计算机，通过无线电系统传输，把遥测采集到的水文气象数据进行综合处理，准确做出洪峰、洪量、洪水位、流速、洪水到达时间、洪水历时等洪水特征值的预报，密切配合防洪工程进行洪水调度。洪水预报系统一般包括：

（1）信息采集系统。包括下垫面信息、多普勒雷达信息、降雨信息、河道实时水情信息等的采集。

（2）数据库。建立上述信息管理的数据库。

（3）预报模型。开发适应流域各水系现状特性的水文、水力学预报模型。

二、洪水风险图

洪水风险图是一种标明不同重现期洪水在泛滥时最大淹没范围的防洪减灾专用地图。

图中有地形等高线、微地貌、行政区划、重要设施、淹没范围边界线等，详细的洪水风险图中还标识了淹没范围内各处的淹没深度、淹没历时、居民疏散道路等。通常，一个地区的洪水风险图是一本洪水风险图册，图册中含该地区不同地段各自的洪水风险图。洪水风险图册中还应附有淹没区内的社会经济资料、以前受淹时的典型照片或情景描述、防汛指挥系统的组织机构，以及编图的依据和精度等。

洪水风险图最初是由美国于20世纪60年代推行洪水保险计划而发展起来的。1978年日本绘制了东京都的洪水风险图，是东亚地区较早的洪水风险图。1988年联合国亚洲及太平洋地区经济社会发展理事会在曼谷举行“根据洪水风险分析及洪水风险图改进防洪系统专家会议”，随后洪水风险图在亚太地区逐渐推广。2004年，国家防汛抗旱总指挥办公室组织完成了《洪水风险图编制导则》（以下简称“导则”）。2005年7月，按照“导则”的要求，开始了全国范围内的洪水风险图编制试点工作。

洪水风险图在合理布置防洪工程，确定防洪标准、洪水保险收费标准、堤防保护范围，科学管理洪泛区，指导防汛抢险，制定各地的土地开发利用规划，提高国民的防洪减灾意识等方面具有非常重要的意义。

三、洪水保险

洪水保险是一种灾害保险，是指使用所有保险者每年缴纳并积累起来的保险费，去补偿部分被保险者因洪水灾害而造成的经济损失。洪水保险虽不能防止洪水的发生，却可以把随机的、集中的洪水损失变成一个均匀的年支付系列，并把局部地区的洪灾损失均匀分摊到广大地区。因此，它是洪水风险在时间和空间上的一种转移，不仅可以降低国家救灾费用，同时对维护受灾地区经济可持续发展和生活保障有着重要的意义。

承保人向投保人收取保险费，一旦投保人在保险期内因洪涝灾害蒙受损失，承保人按既定契约予以经济赔偿或按契约规定的其他方面进行赔偿。

洪水保险的意义和作用主要表现在以下方面：

(1) 在较大甚至全国范围内分摊洪水造成的损失，增强社会消纳洪灾损失的能力。事实上，一个地区免受或只受到较轻洪水灾害，正是由于另一地区承受了较大洪水灾害的缘故，因此对洪灾造成的损失实行社会分摊是合理的、必要的。

(2) 体现了国家引导公众对洪泛平原进行合理有序开发的政策导向。洪泛平原开发是一种风险开发，想在洪水风险高的地区进行经济开发活动，就必须付出与该地区防洪费用相应的洪水保险费，这就迫使开发者不得不对其开发活动所能取得的收益和必须支付的洪水保险费用进行经济分析，从而引导开发者的开发活动从风险较高的地区转向风险较低的地区，达到引导公众对洪泛平原进行合理有序开发的目的。

(3) 能增强居民的防洪减灾意识，减轻政府财政负担。

(4) 洪水保险作为一种社会学行为，能促进社会的公正、互助和友善；作为一种经济行为，则有利于提高洪泛平原开发的整体经济效益和社会效益。

1949年我国建立了保险公司，由国家统一经营保险事业，在企业财产和家庭财产保险条款中规定：对暴雨、洪水、海啸、冰凌、泥石流等所造成的灾害负赔偿责任，并在全国一些地区推行。20世纪80年代初开始对洪水保险开展相关研究，进行了多种形式的尝试，如综合型洪水保险、定向型洪水保险、专业型洪水保险等，积累了一定的经验与教训。自90年代以来，全国洪涝灾害的保险赔款累计近200亿元，对受灾投保企业迅速恢复生产、受灾家庭重建家园、保障社会经济的稳定发展起到了积极的作用。但由于我国防洪减灾历来比较注重工程措施，洪水保险的理论和实践发展缓慢，还处于初步的研究和探索阶段，洪水保险系统没有形成科学的补偿机制，不能够充分调动包括政府、保险公司、资本市场、居民个人等各种社会因素的积极性，洪水保险制度在我国还未正式建立，相关的政策法规还不完善。目前，国家已经开始探讨将洪水保险作为加强洪水风险管理的一种手段。

四、洪泛区管理

江河沿岸、湖周、滨海易受洪水淹没的地区，也是洪水泛滥所形成的冲积平原，又称洪泛平原。世界各大江河中下游一般都有宽阔的洪泛区。在中国、日本洪泛平原面积约占全国土地面积的10%，居住人口占全国半数以上。匈牙利洪泛区面积占国土面积的25%，有80%的村镇、城市，50%的铁路、公路都在该区内。美国洪泛区面积约占全国面积的7%。荷兰全国地势低平，约有1/4的面积低于海平面，经常受海潮、暴雨、洪水和渍涝的严重威胁。这些地区土地肥沃、交通发达，有发展工农业的良好条件，但也是最易遭受洪灾的地区，如何合理利用这些地区，以发展生产、缩小洪灾面积，就成为十分重要的问题。由于以往对这个问题认识不足，洪泛区的不合理开发日趋严重，区内人口不断增长，向城市化发展，财富越加密集。虽然数十年来修建了大量的防洪工程，也取得了很大的防洪效益，但洪灾损失却越来越大。合理利用洪泛区，并结合一定数量的防洪工程，可取得发展社会经济与减少洪灾损失的最优效益。

在洪泛区区划的基础上，通过颁布法令、条例或其他方式，对区内土地使用和建筑物的修建使用等实施管理，并绘制标明分区图以供使用。洪泛区管理的内容一般包括：

（1）在开发区采取减少洪水灾害损失的措施。

（2）限制与洪水危险不相适应的经济和社会发展。

（3）对减少洪灾损失和土地利用等进行综合安排。

（4）保持洪泛区的行洪、滞洪作用等。

洪泛区管理是一项十分复杂的工作，世界各国发展很不平衡，美国主要是在州和州以下地方一级实行，由国会和联邦政府推动。据1980年统计，有马里兰、弗吉尼亚、北卡罗来纳、艾奥瓦、康涅狄格、田纳西等27个州及田纳西河流域制订了洪泛区管理计划。澳大利亚新南威尔士州亦制订了有关洪泛区管理计划，提出：由政府投资的建筑高程应高于100年一遇的洪水位，行洪道泄洪应不受阻碍，低于20年一遇洪水位的地面应无建筑物等。我国于1988年颁布《中华人民共和国水法》，规定在防洪河道和滞洪区、蓄洪区内，土地利用和各种建设必须符合防洪要求。四川省沿长江将江滨土地按高程划分为禁止开发区和限制开发区。

为减少洪灾损失，对已开发的地区，若经济上合理、技术上可行，一般宜用工程措施保护；对不合理的开发要限制发展。对洪泛区实行区划，制定和完善管理法令，逐步推行全面管理。

五、蓄滞洪区管理

蓄滞洪区管理是运用法律、经济、技术和行政手段，对蓄滞洪区的防洪安全与建设进行管理的工作。通过管理合理、有效地运用蓄滞洪区安排超额洪水，使区内居民生活和经济活动适应防洪要求，达到防洪安全保障的目的。分洪区、蓄洪区或滞洪区统称为蓄滞洪区，主要管理内容有：

（1）建立健全管理机构。

（2）制定蓄滞洪区总体规划和安全建设规划，并监督实施。

（3）编制防洪调度运用准备和群众撤离安置措施。

（4）分洪后救助、补偿和善后工作。

（5）进行日常管理，加强安全设施建设与管理，控制人口增长和限制经济发展。

（6）制定法律、法规，依法管理蓄滞洪区。

六、政策与法规

防洪减灾政策与法规是政府为防洪减灾目的而制定的有约束力的经济与社会活动行为规范。政策与法规既是管理者意志的体现，也是实现科学管理的保证。政府利用防洪减灾政策与法规鼓励符合防洪减灾要求的经济社会活动，约束和制裁不利于防洪减灾要求的经济社会行为，保证防洪减灾目标的实现。由此可见，防洪减灾政策与法规是通过约束人类自身的行为，以期协调人与洪水的关系，达到减轻洪水灾害的目的，因此，防洪减灾政策与法规是一种防洪减灾非工程处理技术。

防洪减灾政策与法规贯穿防洪减灾全过程，涉及防洪减灾的所有方面，是一个完整的、与其他法律和政策充分匹配的政策法规体系，为防洪减灾提供全面的政策与法律支撑。我国已制定了《中华人民共和国水法》《中华人民共和国防洪法》等专门法律，在防洪减灾中发挥了重要作用。

七、紧急援助与救济

1. 洪水救济措施

洪水救济措施主要通过财政补贴和其他帮助，来减轻洪水灾害受害者的痛苦。在国际上，联合国救灾协调专员办事处（United Nations Disaster Relief Office）可以提供资金资助，用来帮助受害者缓解因洪水造成的惨重损失。这种帮助通常是通过特别的机构来进行的，一般是通过政府或其他志愿组织，如红十字会等。

2. 直接救济措施

直接救济措施包括以下内容：

（1）帮助洪水受害者撤离。

（2）空投食物。

（3）与防卫机构联络。

（4）洪水救济措施的逐日评估。

（5）紧急资金的分发。

(6) 食品供给。

(7) 饲料供给。

(8) 对伤者的急救和健康工作。

(9) 基本日用品（像煤油、机油和石油等）的供应。

(10) 红十字会、地方志愿军和当地人民的志愿行动。

(11) 缺口的堵填。

3. 洪水过后的措施

洪水过后需要立即采取的措施包括以下内容：

(1) 公路和铁路的恢复。

(2) 水井和其他农业机械的恢复。

(3) 将水从堰塘和城市、村庄低洼处排走，包括地窖和地下室。

(4) 移去洪泛区上的沙粒等覆盖物。

(5) 被沙覆盖的土地划分。

(6) 提供免费种子给农民播种。

(7) 家禽、渔业养殖等的恢复。

(8) 工业、厂矿设备的恢复。

(9) 货物和商品的恢复。

(10) 公共设施的恢复，如道路、桥梁、灌溉系统和渠系建筑物、电站、公共建筑、下水道、供水设施等。

第二章 干旱灾害与防御措施

干旱是全球普遍存在的自然灾害。目前全球干旱半干旱区的面积约占陆地总面积的35%，有120个国家（地区）每年不同程度地遭受干旱威胁，干旱灾害直接威胁人类的生存，制约区域经济的发展。由于气候变暖，雪线上升，冰川退缩，水资源日益短缺，将使人类社会面临日趋严重的干旱化威胁。

我国干旱面积约占47%，高于全球比例，主要分布在西北地区。受季风气候影响，在全国境内局地性或区域性的干旱灾害几乎每年都会出现。干旱灾害是我国最严重的自然气象灾害之一，所造成的损失占气象灾害损失的50%。自古以来，干旱一直是导致粮食减产、水资源短缺和生态环境恶化的最主要因素。我国是一个干旱灾害严重且频繁的国家。新中国成立以来，几乎每年都发生不同程度的区域性干旱，我国的经济和社会生活一直受到干旱的困扰。据统计，自20世纪90年代以来，我国因旱年均粮食损失高达278亿kg，因旱年均工业损失超过2000亿元，因旱年均饮水困难人口达2746万人。同时，干旱灾害还导致了部分河道断流、湖泊萎缩以及土壤沙化等。

数千年来，中华民族为防御干旱、减少灾害损失付出了艰苦卓绝的努力，创建了都江堰、引漳十二渠等举世闻名的古代水利工程。新中国成立后，党和政府高度重视抗旱减灾工作，领导全国人民进行了大规模的水利建设，兴建了大量的蓄水、引水、提水工程，形成了较完善的供水保障体系，提高了抗旱减灾的能力。

近年来，受全球气候变化的影响，极端天气事件日渐增多，同时伴随着中国经济的快速发展、人口增多、城市化进程的加快，干旱对我国的粮食安全、城乡居民用水安全乃至生态安全均构成了严重威胁，干旱带来的灾害制约着我国经济社会的可持续发展。如何提升抗旱减灾应急管理水平，增强抗旱减灾能力，促进人水和谐，是重大战略问题。

第一节 干 旱

干旱是指由于天然降水异常引起的水分短缺的自然现象，可能发生在任何区域的任何季节。干旱是临时性现象，是大气环流和主要天气系统持续异常的直接反映，与季风的强弱、来临和撤退的迟早以及季风期内季风中断时间的长短也有直接关系。

旱情是指在作物生长期内，由于降水少，河流及其他水资源短缺，土壤含水量降低，对农作物某一生长阶段的供水量少于其需水量，从而影响作物正常生长，使人们生产、生活受到影响。受影响的那部分面积称为受旱面积。表达旱情严重程度的四项指标是降水量、土壤湿度、作物生长状况以及地下水埋深，因而在生产实践中，旱情监测内容就是对雨情、土壤墒情、作物苗情以及地下水埋深的测定。

一、干旱的成因

从自然因素来说，干旱的发生主要与偶然性或周期性的降水减少有关。降水量是直接影响土地是否干旱的关键因素，但是干旱并不完全由降雨量决定，还与蒸发等因素有关。降水不足的气候成因有以下四个方面：①持续宽广的下沉气流；②局地下沉气流；③缺乏气压扰动；④缺乏潮湿气流。

从人的因素来考虑，人为活动导致干旱发生的原因主要有以下四个方面：①人口大量增加，导致有限的水资源越来越短缺；②森林植被被人类破坏，植物的蓄水作用丧失，加上抽取地下水，导致地下水和土壤水减少；③人类活动造成大量水体污染，使可用水资源减少；④用水浪费严重，在我国农业灌溉用水浪费尤为惊人，导致水资源短缺。它们都会直接影响水源储备条件以及汇水区的水文响应，也使得对干旱的抵御更为脆弱。

二、干旱的类型

干旱可分为四种类型：气象干旱、农业干旱、水文干旱和社会经济干旱。

1. 气象干旱

气象干旱也称大气干旱，根据中华人民共和国国家标准，气象干旱是指某时段内，由于蒸发量和降水量的收支不平衡，水分支出大于收入而造成的水分短缺现象。常见单要素有降水量指数、降水标准差指数、降水 Z 指数、标准化降水指数等；常见多要素指数有干燥度、湿润度、德马顿干旱指数、降水温度均一化指数、帕默尔干旱指数等。

2. 农业干旱

农业干旱指作物生长过程中因水分不足而阻碍作物正常生长所发生的水量供需不平衡现象，可分为土壤干旱和作物干旱。常用指标有降水量、土壤含水量、作物旱情指数和综合性旱情指数 4 种。

3. 水文干旱

水文干旱指由降水量和地表水或地下水收支不平衡造成的异常水分短缺现象。常用水文干旱指数、最大供需比指数、水资源总量短缺指数等作为指标。

4. 社会经济干旱

社会经济干旱指自然系统与人类经济系统中，水资源供需不平衡而造成的水资源短缺现象。通常用损失系数法、水分供需平衡模式等作为指标。

三、干旱等级划分

《气象干旱等级》（GB/T 20481—2006）中将干旱划分为五个等级，并评定了不同等级的干旱对农业和生态环境的影响程度。

1. 无旱

无旱的特点为降水正常或较常年偏多，地表湿润，无旱象。

2. 轻旱

轻旱的特点为降水较常年偏少，地表空气干燥，土壤出现水分轻度不足，对农作物有轻微影响。

3. 中旱

中旱的特点为降水持续较常年偏少，土壤表面干燥，土壤出现水分不足，地表植物叶片白天有萎蔫现象，对农作物和生态环境造成一定影响。

4. 重旱

重旱的特点为土壤出现水分持续严重不足，土壤出现较厚的干土层，植物萎蔫、叶片干枯、果实脱落，对农作物和生态环境造成较严重影响，对工业生产、人畜饮水产生一定影响。

5. 特旱

特旱的特点为土壤出现水分长时间严重不足，地表植物干枯、死亡，对农作物和生态环境造成严重影响，对工业生产、人畜饮水产生较大影响。

第二节 干 旱 灾 害

一、干旱灾害的概念

干旱灾害是指由于降水减少导致水工程供水不足引起的用水短缺对生活、生产和生态造成危害的事件。干旱灾害是因长时间的缺水逐渐孕育而造成的一种渐进性灾害。从气候角度讲，主要表现为长时期的降水偏少；从水文角度讲，主要表现为地表水匮乏，地下水位下降，水资源短缺。

干旱灾害是渐变发展的，持续时间相对较长，影响范围逐渐扩大，其影响效应具有累积性和滞后性，开始时间、结束时间难以准确判定。与洪涝灾害、地震灾害等其他自然灾害不同，干旱灾害一般不会对人类社会造成直接的人员伤亡以及建筑物和基础设施的毁坏，但带给人类社会的影响和损失却有过之而无不及。

二、干旱灾害的形成

根据灾害成灾机制，形成干旱灾害必须具备致灾因子、承灾体和孕育环境三个要素。这三个要素在干旱灾害的形成过程中缺一不可，只是对灾情程度所起的作用不同。

干旱致灾因子是灾害风险分析理论体系中的重要组成部分，干旱致灾因子的危险性是指造成干旱灾害的自然变异因素及其异常程度，如天然降水异常偏少或气温异常偏高的程度等，其危险指数一般由干旱强度和发生概率共同决定。

干旱承灾体是指可能受到干旱缺水威胁的社会、经济和自然环境系统，包括农业、牧业、工业、城市、人类和生态环境等。一个地区承灾体的价值密度越高，可能遭受的损失就越大，风险也就越高。

干旱孕育环境包括自然孕育环境和社会经济孕育环境，自然孕育环境有地形地貌特征、气候条件、水文条件等，社会经济孕育环境有社会经济发展水平、产业结构、农作物种植结构、基础灌溉设施建设、防旱抗旱保障体系建设以及人们防旱抗旱意识等。在相同的致灾强度下，灾情会因设防能力、经济水平和人类对干旱灾害的反应不同而呈现出较大的差异。

三、干旱灾害的特点

1. 干旱灾害面积大，但分布不均匀

据统计，我国每年农田受旱涝灾害的面积约占总播种面积的27%，而其中60%左右是旱灾。全国各大区都会有旱灾出现，但分布不均匀，其中黄、淮、海地区占全国受旱灾面积的50%左右，长江中下游也是多旱灾的地区，这两个地区就占了全国受旱灾总面积的60%以上。

2. 干旱灾害出现频繁，有时持续时间较长

我国幅员辽阔，地形复杂，受季风气候影响，在全国境内，局地性或区域性的干旱灾害几乎每年都会出现。例如，据研究，在1979—1991年，其中有8年是在华北、东北及华南出现干旱，另有2年在长江以南的广大南方地区出现干旱，2年出现了全国性干旱，1年为长江流域干旱。在华北地区，1951—1980年中出现较大范围干旱的就有12年，中等范围干旱的有11年，其余7年出现了范围较小的干旱；而这一时期长江流域也有28年出现了不同范围的干旱。

从干旱持续时间看，许多地区会出现春夏连旱或夏秋连旱，有时甚至春夏秋三季连旱。例如，华北地区干旱的持续时间一般在1～2个月或4～5个月，有些年份干旱持续时间特长，如1957年、1965年、1968年、1972年和1986年的干旱长达5～7个月。又如长江流域常会出现伏旱，但有的年份有些地区会出现连续干旱，例如1988年长江流域出现了伏旱，而其中湖南、湖北、上海、江苏、安徽、贵州等省（直辖市）出现了春夏连旱或夏伏秋连旱，持续时间一般在40天以上，部分地区达50～70天。1994年6—8月江淮地区出现了严重伏旱，安徽、江苏、湖北等省伏旱持续时间达40～50天，长的达2个月以上，这一年在全国不少地区还出现了春旱，秋旱范围更广，主要分布在江南、华南、华北和西北东部等地。

3. 干旱常伴随高温同时出现

许多干旱灾害出现的同时，往往伴随高温，致使旱情加重，这种情况在长江流域伏旱期更明显。例如，1985年出现了夏伏连旱，6—8月久晴少雨，气温很高，天气燥热，日平均气温都在30℃以上，鄂西北、鄂东南及三峡河谷地区极端最高气温达38～40℃。

四、干旱与干旱灾害的区别

干旱与干旱灾害的区别主要体现在其形成机制上。干旱主要是由降雨偏少或气温偏高等气象因素异常所导致的，属于自然现象；而干旱灾害则是干旱和人类活动共同作用的结果，是自然环境系统和社会经济系统在特定的时间和空间条件下耦合的特定产物。干旱就其本身而言并不是灾害，只有当干旱对人类社会或生态环境造成不良影响时才演变成干旱灾害。干旱只是起因，不是干旱灾害形成的唯一条件；干旱灾害是结果，其成因还与区域社会经济基础、抗旱减灾能力等多种因素相关。在相同的干旱强度下，灾情会因抗御能力、经济水平和人类对干旱的反应不同而呈现较大的差异。

研究干旱，侧重于从自然科学的角度开展，包括干旱的物理形成机制、气候驱动机制与模式、干旱的识别技术及预测技术等。研究干旱灾害，侧重于从社会科学的角度开展，

涉及水利、气象、农业、物理和社会等多个学科，包括干旱灾害成灾机制、时空演变、风险评估、影响评价、趋势预测以及防灾减灾措施等。

干旱作为一种自然现象，人类无法控制它的发生，更不可能消灭它，所以干旱发生后，人类只能设法去适应它。干旱灾害则与人类社会活动密切相关，且人类社会活动在一定程度上能够起到放大或缩小干旱灾害的影响作用，因此人类可以通过调整自身的行为减轻干旱灾害的影响。

第三节　抗旱工程措施

抗旱是指通过采取工程措施或者非工程措施，预防或减轻干旱灾害对生活、生产和生态造成不利影响的活动。根据对象的不同，分为农业抗旱、城市抗旱和生态抗旱。农业抗旱是指通过发展灌溉、旱作农业，治理水土流失，推广节水技术，建立抗旱服务体系等措施，减轻干旱对农业造成的影响和损失，确保人畜饮水安全的活动。城市抗旱是指当城市遭遇干旱时，采取行政、法律、工程、经济、科技等手段，通过应急开源、合理调配水源和采取非常规节水等手段，减轻干旱对城市造成的影响和损失，确保城市供水安全的活动。生态抗旱是指通过调水、补水、地下水回灌等补救措施，改善、恢复因干旱受损的生态系统功能活动。

目前，我国已基本形成工程措施和非工程措施相结合的综合抗旱减灾体系。

抗旱工程措施主要包括蓄水工程、引水工程、提水工程、调水工程、节水灌溉工程等措施。

一、蓄水工程

常见的蓄水工程有水库、塘坝和水窖。通过蓄水工程，可以达到调节径流、以丰补欠、发展灌溉、增加供水等目的，从而提高抗旱减灾能力。

1. 水库工程

水库是指在山沟或河流的狭口处建造拦河坝形成的人工湖泊，起拦洪蓄水和调节水流的作用，供灌溉、发电、防洪和养鱼等。水库规模通常按库容大小分为大型、中型、小型等。

大（1）型水库的总库容大于10亿m^3，大（2）型水库的总库容为1亿～10亿m^3；中型水库的总库容为0.1亿～1亿m^3；小（1）型水库的总库容为100万～1000万m^3，小（2）型水库的总库容为10万～100万m^3；总库容小于10万m^3的为塘坝。

由于河川径流具有多变性和不重复性，在年与年、季与季以及地区之间来水都不同，且变化很大。大多数用水部门（如灌溉、发电、供水、航运等）都要求比较固定的用水数量和时间，它们的要求经常不能与天然来水情况完全相适应。为了解决径流在时间和空间上的重新分配问题，充分开发利用水资源，使之适应用水部门的要求，往往在江河上修建一些水库工程。水库的兴利作用就是进行径流调节，蓄洪补枯，使天然来水能在时间和空间上较好地满足用水部门的要求。水库在发展灌溉、抗御水旱灾害、保证农业稳产高产、保障人民生命财产安全、提供城乡用水、发展农村经济等方面发挥了作用。

2. 塘坝工程

塘坝工程是指拦截和储存当地地表径流的蓄水量小于10万m^3的蓄水设施，是广大农村尤其是丘陵地区灌溉、抗旱、解决人畜用水等的重要设施。根据蓄水量的不同，塘坝可分为大塘和小塘。大塘的蓄水量超过1万m^3，相比小塘，其灌溉面积大，调蓄能力强，作用大，成效好。

塘坝具有分布范围广、数量多、作用大、投资少的特点，可就地取材，施工技术简单，群众能够自建、自管、自用，一般能当年兴建、当年受益。相比其他小型蓄水工程，塘坝具有以下优点：

(1) 可以充分拦蓄当地径流，分散蓄水，就近灌溉、就地受益，供水及时，管理方便，适应丘陵地区地形起伏、岗冲交错中分散农田的灌溉。可以缩短输水距离与灌水时间，减少水量损失，提高灌水效率，并有利于节水灌溉措施的推广。

(2) 利用塘坝蓄水灌溉，可以减小灌区提、引外水工程的规模，同时减少渠首及各级渠道和配套建筑物的设计流量，相应减小渠道断面和建筑孔径，从而节省其工程量和投资。

(3) 塘坝蓄水浅，水温高，在低温季节引塘水灌溉有利于农作物生长。

(4) 塘坝可以缓洪减峰，防止水土流失，减轻农田洪涝灾害损失。

3. 水窖工程

水窖是雨水集蓄利用的主要形式之一，又称为旱井。修建水窖的主要目的是解决人畜饮用水困难，发展农业灌溉等。相比其他小型蓄水工程，水窖具有适应性强、工程规模小、施工技术简便、工期短、可就地取材、费用低、供水成本低廉等显著特点。在缺乏地表水或地下水，或开采利用困难，但多年平均年降水量为250～550mm的旱地农业区，或在季节性缺水严重但降雨充沛的旱山、石山、丘陵地区，可以考虑开发利用雨水资源，兴建这种微型集雨工程。

二、引水工程

引水工程是指从河道等地表水体自流引水的措施，江河引水灌溉是非常重要的水利工程设施之一，在发展农业灌溉、抵御干旱灾害、促进农业生产等方面发挥了重要的作用。

根据河流水量、水位和灌区高程的不同，可分为有坝引水和无坝引水两种。

当河流水源较丰富但水位较低时，可在河道上修建壅水建筑物抬高水位，自流引水灌溉，形成有坝引水的方式。有坝引水可分为设冲沙闸的有坝引水、设冲沙底孔的有坝引水、设沉沙池的有坝引水。在灌区位置已定的情况下，有坝引水虽然增加了拦河坝（闸）工程，但引水口一般距灌区较近，可缩短干线渠线路长度，减少工程量，且能有效控制河道水位，增加引水的可靠性。

当灌区附近河流水位、流量均能满足灌溉要求时，可选择适宜的位置作为取水口修建进水闸引水自流灌溉，形成无坝引水，主要用于防沙要求不高、水源水位能满足要求的情况。无坝引水可分为正面排沙、侧面引水的无坝引水，正面引水、侧面排沙的无坝引水。无坝引水是充分利用河流水文、河道地形和区域自然地理条件，直接在河道上引水的水利工程形式，具有工程规模较小、就地取材的特点，它使河流的环境功能、水运动功能以及地下水与地表水的天然循环机制均得以完善保存。

三、提水工程

提水工程是从河道、湖泊等地表水或地下提水工程。提水灌溉是指利用人力、畜力、机电动力或水力、风力等拖动提水机具提水浇灌作物的灌溉方式。除需要修建泵站外，一般不需修建大型挡水或引水建筑物。受水源、地形、地质条件的影响较小，一次性投资少、工期短、受益快，并能因地制宜地及时满足灌溉的要求。运行期间需要消耗能量和经常性地进行维护、修理，其管理费用比自流灌溉较高。

1. 泵站

泵站是指利用机电提水设备将水从低处提升到高处或输送到远处进行农田灌溉与排水的工程措施。

泵站建筑物应根据不同类型泵站的特点、灌排渠系布置、水文、气象、地形、地质及水源与能源等条件，在满足灌排要求的情况下，进行合理布置，达到安全、高效、经济的目的。泵站主要由进水、出水、泵房等建筑物组成。

进水建筑物包括引水渠道、前池、进水池等。其主要作用是衔接水源地与泵房，改善流态，减少水力损失，为主泵创造良好的引水条件。

出水建筑物有出水池和压力水箱两种主要形式。出水池是连接压力管道和灌排干渠的衔接建筑物，起消能稳流作用。压力水箱是连接压力管道和压力涵管的衔接建筑物，起汇流排水的作用，这种结构形式适用于排水泵站。

泵房是安装主机组和辅助设备的建筑物，是泵站的主体工程，其主要作用是为主机组和运行人员提供良好的工作条件。泵房结构形式较多，常用的有固定式和移动式两种。固定式泵房按基础形式的特点又可分为分基型、干室型、湿室型和块基型四种。泵房基础与水泵机组基础分开建筑时称分基型泵房。泵房及其底部均用钢筋混凝土浇筑成封闭的整体，在泵房下部形成一个无水的地下室，称干室型泵房。若泵房下部有一个与前池相通并充满水的地下室，则称湿室型泵房。当用钢筋混凝土把水泵的进水流道与泵房的底板浇成一块整体，并作为泵房的基础时，称块基型泵房。移动式泵房可分为泵船和泵车两种。泵房结构形式的确定，主要根据主机组结构性能、水源水位变幅、地基条件及枢纽布置，通过技术经济比较择优选定。

泵站的建筑布置因用途不同分为以下几种：

（1）灌溉泵站。站址通常选择在灌区较高处，使其控制面积最大，渠系及其建筑物布置方便，工程量小，投资省。当水源处岸坡平缓，水源和灌区相距较远且高程相差较大时，进水建筑物通常采用有引水渠道的布置形式；当水源处岸坡较陡，站址与灌区的距离及控制高程接近时，其进水建筑物常采用无引水渠道的方式布置。泵房应按防洪要求设计。

（2）排水泵站。站址一般选在地势较低的内湖或洼地出口处，使泵站能够排出较大区域的涝水。设计时应充分考虑自排，做到自排与提排相结合，这类泵站常采用闸、（泵）站结合的方式布置。

（3）排灌结合泵站。有闸、（泵）站分建式和闸、（泵）站合建式两种布置形式。分建式布置是指闸、(泵)站分开建筑，利用排水闸、灌溉闸、泄水闸等的联合运用，实现排灌结合。合建式布置是将闸、(泵)站建筑在同一基础上，在泵房主泵流道的进出口外侧设置闸门，兼作自排泄水和灌溉引水的涵闸，利用闸门改变流向，进行灌排作业。合建式比分建式工程紧凑，设闸(门)少，投资省，运用方便。

2. 机电井

机电井就是以电机为动力，带动离心泵或轴流泵，将地下水提取到地面或指定地方的一套设施，常用于灌溉。

20 世纪 70 年代以来，机电井地下水灌溉在我国地表水日益匮乏的华北地区农业生产中的作用日益突出。其作用主要体现在以下方面：

(1) 发展了农业灌溉，促进了农业高产稳产。

(2) 改善和开辟了缺水草场，发展了牧区水利。

(3) 解决了部分地区人畜饮水困难问题。

四、调水工程

调水工程是指为了从某一个或若干个水源取水并沿着河槽、渠道、隧洞或管道等方式送给用户而兴建的工程。调水工程是一种工程技术手段，它可解决水资源与土地、劳动力等资源空间配置不匹配的问题，实现水与各种资源之间的最佳配置。

我国降水径流空间分布不均，不同地区之间，供需平衡情况有很大差异；同时，在不同流域或地区之间还存在干旱及其灾害非同期遭遇的可能性。因此，应因地制宜地兴建跨流域调水工程，进行水量补偿，以调节降雨径流的空间分布不均。20 世纪 60 年代以来，全国已修建了引江济淮、引滦济津和引黄济青等多项工程，这些近距离跨流域调水对调剂地区间水资源余缺起到了很好的作用。为了解决黄、淮、海流域的干旱缺水问题，从长江引水补给这些区域用水的跨流域远距离调水的南水北调工程正在建设中。南水北调东线主要解决京津地区、山东省和河北省东部地区的缺水问题；中线主要解决河南省、河北省中部地区和北京市的用水问题；西线主要解决黄河上中游及其邻近地区的用水问题。南水北调工程以及诸如东北地区的引松济辽的北水南调工程，在解决 21 世纪我国北方城市缺水，改善农业用水，缓解城乡用水矛盾，提高防旱减灾能力等方面将起到重要作用。

调水工程是一个复杂的系统工程，该系统一般由水源工程(蓄水、引水、提水等)、输水工程(渠道、管道、隧洞等)和供水工程三部分组成。根据水文地理标准，可将调水工程分成三类：局域(地区)调水工程、流域内调水工程和跨流域调水工程。

五、节水灌溉工程

节水是我国的一项基本国策，也是一项抗旱工程措施。节水灌溉是根据作物需水规律及当地供水条件，高效利用降水和灌溉水，用尽可能少的水投入，取得尽可能多的农作物产出的一种灌溉模式，目的是提高水的利用率和水分生产率。节水灌溉是更科学地用水，在时间和空间上合理分配和使用水资源。节水灌溉是相对的概念，不同的水源条件、自然条件和社会经济条件，对节水灌溉的要求也不同。

1. 渠道防渗工程

渠道防渗工程是为了减少渠道输水渗漏损失的工程措施。渠道防渗工程的作用有节约灌溉用水；降低地下水位，防止土壤次生盐碱化；防止渠道的冲淤和坍塌；加快流速提高输水能力，减小渠道断面和建筑物尺寸；节省占地，减少工程费用和维修管理费用等。

渠道防渗方法可分为以下两类：

（1）改变原渠床土壤渗透性能，又可分为物理机械法和化学法。前者是通过减少土壤空隙达到减少渗漏的目的，可用压实、淤淀、抹光等；后者是掺入化学材料以增强渠床土壤的不透水性。

（2）设置防渗层，即进行渠道衬砌。可用混凝土和钢筋混凝土、塑料薄膜、砌石、砌砖、沥青、三合土、水泥土和黏土等各种不同材料衬砌渠床。采用防渗措施后，渠道渗漏损失可以减少50%～90%。混凝土衬砌是一种较普遍的渠道防渗形式，防渗防冲效果好、耐久，但投资较大。

2. 喷灌工程

喷灌是喷洒灌溉的简称，它是利用专门的设备（动力机、水泵、管道等）把水加压，或利用水的自然落差将有压水送到灌溉地段，通过喷洒器（喷头）喷射到空中散成细小的水滴，均匀地散布在田间进行灌溉。

喷灌和地面灌溉相比，具有节约用水、节省劳力、少占耕地、对地形和土质适应性强、能保持水土等优点，因此被广泛应用于灌溉大田作物、经济作物、蔬菜和园林草地等。喷灌可以根据作物需水的状况，适时适量地灌水，一般不产生深层渗漏和地面径流，喷灌后地面湿润比较均匀，均匀度可达0.8～0.9。由于用管道输水，输水损失很小，灌溉水利用系数可达0.9以上，比明渠输水的地面灌溉省水30%～50%。在透水性强、保水能力差的土地，如沙质土，省水可达70%以上。由于喷灌可以采用较小的灌水定额进行浅浇勤灌，因此能严格控制土壤水分保持肥力，保护土壤表层的团粒结构，促进作物根系在浅层发育，以充分利用土壤表层养分。喷灌还可以调节田间小气候，增加近地表层空气湿度，而且能冲掉作物茎叶上的尘土，有利于作物的呼吸和光合作用，故有明显的增产效果。多年大面积应用喷灌证明，与传统地面灌溉相比，喷灌粮食作物增产10%～20%，喷灌经济作物增产20%～30%，喷灌果树增产15%～20%，喷灌蔬菜增产1～2倍。但喷灌也有一定的局限性，比如受风的影响大，风大时不易喷洒均匀，而且喷灌的投资比一般地面灌水的投资要高。

要实现喷灌首先要建立喷灌系统，一般包括水源工程、动力机、水泵、各种管道、喷头及控制设备等。喷灌系统分为固定式、半固定式和移动式三种。固定式喷灌系统各组成部分在整个灌溉季节中都是固定不动的，或除喷头外其他部分固定不动；半固定式喷灌系统除喷头和装有许多喷头的支管可在地面移动外，其余部分均固定不动，支管与干管常用给水栓快速连接；移动式喷灌系统除水源工程（塘、井、渠道等）固定外，动力、水泵、管道、喷头都可移动。

3. 低压管道输水灌溉

低压管道输水灌溉是指以管道代替明渠的一种输水工程措施，通过一定压力，将灌溉水由管道与分水设施输送至田间，直接由管道分水口分水进入田间沟畦或在分水口处连接软管输水进入沟畦对农田实施灌溉。

与明渠灌溉相比，低压管道输水灌溉具有许多优点，成为节水灌溉技术中的主要措施。

(1) 节约用水。由于管道输水一般都采用地埋式，因此基本上消除了水的渗漏损失和蒸发损失。据测试，在轻壤土中采用低压管道输水灌溉，水的利用系数为0.95～0.97，与土渠、混凝土渠相比，分别提高30%和5%～15%。另外，用软管灌溉可顺畦埂由远而近逐段浇地，长畦短灌，灌水均匀，灌水定额为600m^3/hm^2。总之，管道灌溉比土渠灌溉可节水45%左右，比混凝土板衬砌渠道节水7%，比石砌防渗渠道节水15%左右。

(2) 占用耕地少，利于机械耕作。井灌区土渠一般占耕地的1%～2%。管道埋入地下代替土渠之后可增加1%的耕地面积。渠灌区输水流量大，但渠道占用耕地面积大，所以，在渠灌区实现管道灌溉后，减少渠道占用耕地的优点尤为突出。在我国土地资源紧缺，人均耕地不足0.1hm^2的情况下，管道灌溉具有显著的社会效益和经济效益。另外，土渠改为管道尤其是地埋管，有利于机械耕作。

(3) 适时适量灌溉，缩短灌溉周期。低压管道输水灌溉比土渠输水快、供水及时，可缩短轮灌周期，改善田间灌水条件，有利于适时适量灌溉，从而及时有效地满足作物生长期，特别是作物需水关键期的需水要求。土渠灌溉往往因为轮灌周期长、灌水不及时而影响作物生长，造成减产。低压管道输水灌溉较好地克服了这一缺点，起到了增产增收的效果。另外，管道代替土渠之后，避免了跑水漏水，也节省了管理用工。

(4) 成本低，效益高。试验表明，在机井或提水站供水的情况下，管道灌溉比渠道灌溉约减少能耗30%。由于低压管道输水灌溉是有压供水，可适应各种地形，使原来土渠难以达到的耕地实现灌溉，从而扩大了灌溉面积。管道灌溉成本也较低，在已有机泵的条件下，采用移动式聚乙烯软管灌溉，投资为75～90元/hm^2，可使用2年左右，而半固定式管道系统造价为600～900元/hm^2。由于扩大了灌溉面积，增加了灌水次数，且灌水适时，因而即使是一般干旱年份，也可增产20%左右。

(5) 适应性强，便于推广。管道灌溉设备比较简单，技术易于掌握运用，管理较为方便。地面软管可以越沟、爬坡、跨沟和拐弯；硬塑料管埋在地下，可延缓老化年限，防止冻裂；水泥管则便于就地取材。可以说，管道灌溉对于不同的水源、作物、土壤及流量都有较强的适应性。鉴于低压管道输水灌溉的优点，该项技术在我国已经有了较大的发展。特别是20世纪80年代，随着塑料工业的发展，质量轻、长度大、输水阻力小、施工简便的塑料管道在输水中得到了日益广泛的应用，更加促进了管道输水这项节水工程技术在我国尤其是渗漏损失大、干旱缺水地区的发展。

低压管道输水灌溉系统按其输配水方式、管网形式、工作方式和结构形式可分为以下类型：

(1) 按输配水方式分类。低压管道输水灌溉系统按输配水方式可分为加压输水系统和自压输水系统，加压输水系统分为两种：一种是水泵直送式，即水泵直接将水送入管道系统，然后再通过分水口进入田间；另一种是蓄水池调蓄式，即经水泵加压通过管道将水输送到某一高位蓄水池，然后由蓄水池通过管道自压向田间供水。

(2) 按管网形式分类。低压管道输水灌溉系统按管网形式可分为树状网和环状网。树状网的管网为树枝状，水流在干管、支管、分支管中从上游流向末端，只有分流而无汇流。环状网是管网通过节点将各管道连接成闭合环状，根据出水口位置和控制阀启闭情况，水流可做正向或逆向流动。

(3) 按工作方式分类。低压管道输水灌溉系统按工作方式可分为移动式、半固定式和固定式。移动式除水源外，管道及分水设备都可移动，机泵有的固定，有的也可移动。半固定式管道系统的一部分固定，另一部分可移动。固定式低压管道输水灌溉系统中的各级管道及分水设施均埋入地下，固定不动。

(4) 按结构形式分类。低压管道输水灌溉系统按结构形式可分为开敞式、半封闭式和封闭式。开敞式是指在上游高差不太大的一些部位设有自由水面调压井的管道系统形式。半封闭式是指在输水过程中，管道系统不完全封闭，在适宜的位置设置浮球阀来控制阀门启闭的一种输水形式。封闭式是指水流在全封闭的管道中从上游管端流向下游管道末端，输水过程中系统不出现自由水面。

4. 微灌工程

微灌是利用微灌设备组装成微灌系统，将有压水输送分配到田间，通过灌水器以微小的流量湿润作物根部附近土壤的一种灌水技术。微灌可以非常方便地将水灌到每一株植物附近的土壤中，经常维持较低的水压力满足作物生长需要。微灌具有以下优点：

(1) 省水、省工、节能。微灌是按作物需水要求适时适量地灌水，仅湿润根区附近的土壤，因而显著减少了水的损失。微灌是管网供水，操作方便，劳动效率高，而且便于自动控制，因而可明显节省劳动力。同时微灌大部分属局部灌溉，大部分地表保持干燥，减少了杂草的生长，也就减少了用于除草的劳动力和除草剂费用。肥料和药剂可通过微灌系统与灌溉水一起直接施到根系附近的土壤中，不需人工作业，提高了施肥、施药的效率和利用率。微灌灌水器的工作压力一般为 50～150kPa，比喷灌低得多，又因微灌比地面灌溉省水，对提水灌溉来说意味着能耗减少。

(2) 灌水均匀。微灌系统能够做到有效地控制每个灌水器的出水流量，灌水均匀度高，一般可达 80%～90%。

(3) 增产。微灌能适时适量地向作物根区供水供肥，为作物根系活动层土壤创造了很好的水、热、气、养分状况，因而可实现稳产，提高产品质量。

(4) 对土壤和地形的适应性强。微灌的灌水强度可根据土壤的入渗特性选用相应的灌水器，并对其进行调节，不产生地表径流和深层渗漏。微灌是采用压力管道将水输送到每棵作物的根部附近，可以在任何复杂的地形条件下有效工作，甚至在某些很陡的土地或乱石滩上种的树也可以采用微灌。

微灌系统投资一般要高于地面灌；微灌灌水器出口很小，易被水中的矿物质或有机物堵塞，减少系统水量分布均匀度，严重时会使整个系统无法正常工作，甚至报废；微灌毛管一般铺设在地面，使用中会影响田间管理，有时会被拉断、割破，发生漏水，增加后期维护费用。

微灌按灌水器及出流形式的不同，可分为以下几种形式：

(1) 滴灌。滴灌是利用安装在末级管道（称为毛管）上的滴头，或与毛管制作成一体的滴灌带（或滴灌管）将压力水以水滴状湿润土壤，在灌水器流量较大时，形成连续细小水流湿润土壤。通常将毛管和灌水器放在地面，也可以把毛管和灌水器埋入地面以下 30cm 左右。前者称为地表滴灌，后者称为地下滴灌。滴灌灌水器的流量通常为 1.14～

10L/h。

(2) 微喷灌。微喷灌是利用直接安装在毛管上或与毛管连接的微喷头将压力水以喷洒状湿润土壤。微喷头有固定式和旋转式两种。前者喷射范围小，水滴小；后者喷射范围较大，水滴也大些，故安装的间距也比较大。微喷头的流量通常为 20～250L/h。另外还有微喷带，也属于微喷灌系列，微喷带又称多孔管、喷水带，是在可压扁的塑料软管上采用机械或激光直接加工出水小孔，进行微喷灌的设备。

(3) 小管出流。小管出流是利用 $\phi 4$ 的小塑料管与毛管连接作为灌水器，以细流（射流）状局部湿润作物附近的土壤，小管出流的流量通常为 40～250L/h。对于高大果树通常围绕树干修一渗水小沟，以分散水流，均匀湿润果树周围土壤。在我国，为增加毛管的铺设长度，减低毛管首末端流量的不均匀性，通常在小塑料管上安装稳流器，以保证每个灌水器流量的均匀性。

(4) 渗灌。渗灌是利用一种特别的渗水毛管埋入地表以下 30cm 左右，压力水通过渗水毛管管壁的毛细孔以渗流的形式湿润其周围土壤。由于渗灌能减少土壤表面蒸发，从技术上来讲，是用水量很省的一种微灌技术，但目前使用起来，渗灌管常埋于地下，由于作物根系有向水性，渗灌管经常遭受堵塞问题困扰。渗灌管的流量常为 2～3L/(h·m)。

第四节 抗旱非工程措施

抗旱非工程措施是指通过政策、法规、行政管理、经济、科技等抗旱工程以外的手段来减少干旱灾害损失，包括法规制度、抗旱规划、抗旱预案、信息管理、经费及物资保障、抗旱服务组织、抗旱水量调度及农业抗旱节水技术等。

一、抗旱法规和制度

从 20 世纪 90 年代开始，国家防汛抗旱总指挥部办公室（以下简称“国家防办”）先后制定了一系列与抗旱相关的制度和办法，为领导决策和指导工作提供依据。我国的抗旱工作突出体现了依法防控、科学防控、综合防控，特色就在于行政措施、法律措施、技术措施的有机结合。在法制保障方面，我国已形成了以水法为核心，河道管理条例相配套的抗旱法律法规体系，各省（自治区、直辖市）也陆续颁布实施了大批抗旱配套法规。

近年来，国务院、国家防汛抗旱总指挥部、水利部、财政部、气象局等部门制定了一批规章制度和标准，见表 2-1。

表 2-1 有关抗旱规章制度

名　称	发布部门	发布时间
《特大防汛抗旱补助费使用管理暂行办法》	财政部、水利部	1994 年 12 月
《抗旱服务组织建设管理暂行办法》	财政部、水利部	1996 年 5 月 10 日
《旱灾损失与抗旱效益计算办法（试行）》	国家防汛抗旱总指挥部办公室	1997 年
《特大防汛抗旱补助费使用管理办法（修订）》	财政部、水利部	1999 年 1 月
《水旱灾害统计报表制度》	国家防汛抗旱总指挥部、国家统计局	1999 年

续表

名　称	发布部门	发布时间
《抗旱预案编制导则》	国家防汛抗旱总指挥部办公室	2004 年 1 月
《国家防汛抗旱应急预案》	国务院	2006 年 1 月
《抗旱预案编制大纲》	国家防汛抗旱总指挥部办公室	2006 年 2 月
《气象干旱等级》(GB/T 20481—2006)	中国气象局	2006 年 11 月
《土壤墒情监测规范》(SL 364—2006)	水利部	2007 年 6 月
《旱情等级标准》(SL 424—2008)	水利部	2008 年 12 月
《水旱灾害统计报表制度（修订）》	国家防汛抗旱总指挥部、国家统计局	2009 年 3 月
《干旱灾害等级标准》(SL 663—2014)	水利部	2014 年 4 月 8 日

2009 年 2 月 26 日，《中华人民共和国抗旱条例》颁布实施，填补了我国抗旱立法的空白，标志着抗旱工作进入了有法可依、规范管理的新阶段。

二、抗旱规划

党中央、国务院始终高度重视抗旱工作，国务院办公厅于 2007 年印发了《关于加强抗旱工作的通知》(国办发〔2007〕68 号)，明确要求“各地区应结合经济发展和抗旱减灾工作实际，组织编制抗旱规划，并与其他相关规划做好衔接，以优化、整合各类抗旱资源，提升综合抗旱能力，避免重复建设。有关部门要加强对地方抗旱规划编制工作的组织指导”。编制抗旱规划，既是贯彻落实国务院办公厅的通知精神，也是保障城乡供水安全、粮食安全，保护生态与环境，保证经济社会可持续发展的一项重要任务。通过编制和实施抗旱规划，逐步提高我国抗旱减灾能力和管理水平，主动应对日益严重的干旱灾害，最大可能地减轻旱灾损失，为经济社会又好又快发展提供有力支撑。

2011 年 11 月国务院常务会议审议通过了《全国抗旱规划》，并下发了《国务院关于全国抗旱规划的批复》(国函〔2011〕141 号)。

《国务院关于全国抗旱规划的批复》要求，各地区、各有关部门要认真组织好《全国抗旱规划》的实施工作，切实加强对《全国抗旱规划》实施工作的组织领导，国务院有关部门要根据职能分工，加强对《全国抗旱规划》的指导、支持和协调。抗旱规划的实施要坚持科学调度管理水资源、加强抗旱工程建设、推行节约用水的生产生活方式三者并举。要加大对抗旱减灾工作的投入，按照以地方自筹为主、中央投资为辅的原则，多渠道、多元化筹措资金。对《全国抗旱规划》中涉及的建设项目，要认真做好前期工作，合理确定建设规模和投资，并按程序报批后实施。要着力推动水利工程体系抗旱能力建设、抗旱应急备用水源工程体系建设、旱情监测预警和抗旱指挥调度系统建设以及抗旱管理服务体系建设等项目的实施。

《全国抗旱规划》提出了今后一个时期的工作目标：到 2015 年，以提高严重受旱县和主要受旱县综合抗旱能力为重点，显著改善因旱人畜饮水困难情况；到 2020 年，严重受旱县、主要受旱县干旱期间的饮水安全和商品粮基地、基本口粮田的基本用水需求得到较高程度保障，全国综合抗旱能力明显提高，节水型社会建设取得明显成效。为此，要重点做好以下工作：①科学配置水资源，全面提高水利工程体系的抗旱能力，完善和优化国家、流域和区域水资源配置格局，充分挖掘现有各类水利工程的抗旱功能，强化应急联合调度，提高调控水平和整体抗旱能力；②因地制宜建设农村、乡镇和城市抗旱应急备用水源工程，为城乡居民饮水安全和农业生产用水提供有效的应急保障；③建设覆盖全国的旱情监测预警站网，加快建设抗旱指挥调度系统，为抗旱指挥和决策调度提供有力支撑；④以县乡两级抗旱服务组织为重点，加强抗旱管理服务体系建设，提高抗旱机动送水和浇地能力，做好抗旱物资储备；⑤加强抗旱减灾基础研究及新技术应用，积极开展国际交流与合作，充分吸收借鉴国际先进技术和经验，不断提高我国抗旱减灾科技水平。

抗旱的根本出路在节水：①要提高全民节水意识，加快转变经济发展方式；②因地制宜推广节水灌溉技术和设备，大力推进农业节水，努力减少水资源消耗，加大防治水污染工作力度；③深化水资源管理体制改革，充分运用价格等经济杠杆，引导节约用水，严格控制高耗水项目，鼓励发展低耗水的高新技术产业；④加强城乡生活用水管理，加快更新改造供水管网，研制推广节水型用水器具、计量仪表；⑤充分利用雨洪资源，扩大利用再生水。

三、抗旱预案

干旱成灾是一种悄然发生的“蠕变过程”，是一种“慢性病”。一次严重的干旱一旦形成，往往给工农业生产和城乡居民生活及生态环境造成重大损失和影响。因此，非干旱时期，在水主管部门主持和有关部门及社会团体的积极参与下所开展的干旱预案研究，是一项对提高公众的防旱减灾意识和减轻旱灾损失有重要现实意义的举措。

抗旱预案旨在研究一个地区出现潜在的及历史的干旱灾害时，政府部门和公众在资源配置和减轻灾害不利后果方面应采取的行动。这种对干旱灾害预先进行的“风险管理”和提前准备的有针对性的应急计划，与干旱灾害发生时的“危机管理”和临时反应相比，是一项更周密有效的防旱减灾措施。

抗旱预案是以水资源的可持续利用为指导，以现有水源和供水能力为条件，通过水资源的优化配置和合理利用，最大限度地解决城镇供水和工农业生产用水矛盾，为正确实施抗旱调度提供科学依据。坚持“先生活、后生产，先节水、后调水，先地表、后地下”的原则，分别按春、夏、秋三季多年干旱的出现频率排序，采用降雨距平法或受旱面积比重法，选定轻旱、重旱、特大旱三种典型年，分析现有抗旱能力、可用水源与用水需求及抗旱要求的矛盾，根据这些典型年分析现有水源及供水工程保证程度，并提出相应的综合抗旱措施。

抗旱预案的编制原则，应符合中央水利工作方式和新时期治水新思路。要体现以人为本，实行抗旱行政首长负责制，统一指挥、统一调度，以防为主、防抗结合，因地制宜、城乡统筹，突出重点、兼顾一般等。抗旱预案编制要突出科学性、实用性和可操作性，要遵循因地制宜、分类指导、科学合理、便于操作的原则，强化保障措施，确保抗旱预案的质量。

预案编制的主要内容有：①基本情况；②指挥体系及职责；③预防及预警；④应急响应；⑤后期处置；⑥保障措施；⑦编制、审查与审批。

抗旱预案是主动防灾的一项重要举措。近年来，我国不少省份实施了抗旱预案制度。就实际效果而言，这项工作的开展对主动应对干旱灾害、开展防旱抗旱减灾起到了积极作用。但就全国而言，这项工作仍处在研究阶段，所以须加强抗旱预案的研究实施工作。

四、旱情监测预报

建立面向全国的抗旱信息系统，形成由中央、省、市、县组成的信息管理网络，集旱情监测、传输、分析和决策支持于一体，涵盖水情、雨情、工情、农情等各种相关因素，可以及时掌握、分析、预测全国和区域旱情的发生、发展过程以及对农业生产、城市供水的影响，通过及时实施有效的抗旱措施，最大限度地减轻旱灾的损失。抗旱信息系统的重要性在于对旱情做出监测预报，不但能为各级决策部门提供及时准确的旱情和抗旱信息，准确评价干旱对经济社会的影响，而且还可以提出合理的对策建议，更加科学地指挥部署抗旱减灾工作，大大提高我国抗旱减灾管理的水平。

旱情信息包括降雨、蒸发、气温、地下水、土壤墒情、农作物分布和长势、干旱范围、水利工程蓄水情况、灌溉设施和抗旱动态等，特点是信息种类多、涉及部门多、信息来源渠道广。旱情监测系统需采集的信息分两类：基础信息和实时采集的信息。基础信息主要是抗旱工作需要的各类基础信息，如人口、耕地和灌溉设施等信息；而实时采集的旱情信息有降雨量、气温、风速、风向、湿度、日照、蒸发蒸腾量等气象信息，水库及江河湖泊蓄水量、地下水等水文信息和土壤墒情。

五、抗旱调度和管理

做好农业、工业、城镇生活用水分配调度，要注意以下几点：

（1）做好区域性水资源基础工作，了解掌握本地区水文气象及供水工程情况，了解区域内地表水、地下水资源变化规律，工农业、城镇用水现状，水资源利用程度和存在问题等。

（2）掌握了解本地区工农业和国民经济发展规划（如当地矿产资源、工业结构、商业结构、交通现状和发展方向），当地的农业结构、种植作物组成及城镇企业发展现状和趋势。

（3）在以往的河流规划或专业性水利规划的基础上，做好本地区的水资源综合利用规划，提出本地区国民经济各部门不同水平年的供需平衡分析，预测本地区各水平年近期和远期需水量。

（4）提出本地区水工程建设的措施和意见。如对现有工程加固挖潜配套，改造老化工程，设备更新和拟建工程，在人畜饮水困难地区加强供水工程的措施等。

（5）在本地区工农业城镇供需水现状的基础上，分析工业城镇生活用水发展趋势，安排好地区内农业、工业和城镇生活用水的统一分配调度的妥善计划，并每年修订一次。做好地区性和流域性水资源的分配调度，是提高区域内水资源利用率的前提，也有利于协调各项用水矛盾，取得较好的生态效益和经济效益。

做好水资源调度和合理分配，必须加强以下工作：①科学利用水资源规划；②加强国民经济的用水供需预测；③加强工程建设；④加强水资源统一管理；⑤要有健全的水利法制体系；⑥要有水利产业效益和社会效益；⑦建立健全适应社会主义市场经济的水的价格；⑧具有强有力的管理机构；⑨加强科学技术对水资源管理和优化调度的应用；⑩加强水环境保护。

实行水务一体化管理是做好城市抗旱工作的体制保证。已实行水务一体化管理的城市，要统筹考虑生活、生产和生态用水需求，进一步完善流域、区域水量调度方案，落实管理、监测措施，细化配用水计划，充分发挥有限水源的抗旱作用，优先保障城市居民生活用水安全；没有实行水务一体化管理的城市，要结合贯彻《中华人民共和国水法》，积极开展水资源统一管理工作，尤其是发生干旱缺水的城市要把握住时机，突出展现水务一体化管理在城市抗旱工作中的关键作用，促进实现水务一体化管理。

六、旱作农业措施

旱地农业即雨养农业，它是我国农业发展一个不可忽视的重要组成部分。旱地农业在我国南北方均有分布，在全国耕地面积中，一半以上为旱地农业。受气候、地形和水资源条件的限制，农业不能全都靠灌溉来解决问题，不能搞灌溉农业的耕地，要结合水土保持工作做好旱地农业。我国群众通过长期实践，积累了不少旱地农业抗旱增产的经验。因此，在现代科学水平下，继承和发展旱地农业技术，是今后发展旱地农业的重要途径。

1. 建立旱地农业抗旱耕作新体系

此体系是以深松为主体，深松、翻耕、耙茬和耕耨相结合的抗旱耕作体系。生产实践和科学实验表明，这种耕作体系在协调耕层土壤的水、肥、气、热状况，保墒抗旱、抗蚀保土方面，具有明显的优越性，对季节变化和作物生长的阶段性有较强的适应性。

2. 建立用地和养地的新体系

此体系包括合理调整作物布局，逐步改变北方旱地大面积单一种植，适当调整豆类作物的种植面积，进行豆谷、粮肥轮作。建立一个以有机肥为主、以化肥为辅，以底肥为主、以追肥为辅，化学肥料氮磷钾合理配置的施肥制度。这一体系对实行合理轮作、克服重茬连作的弊端、种地养地并重、提高土壤肥力水平、保证旱作农业的高产稳产有着重要作用。

3. 建立抗旱栽培新体系

此体系包括用科学方法选育高产抗旱作物和耐旱品种：在处理种子时，采用科学的营养浸种和雪水浸种方法；在抗旱播种方面采用抢墒、顶凌等播种方法，以充分利用耕层储水。通过抗旱栽培，一方面增强了作物内在的抗旱力，另一方面改善了作物栽培的外在水分条件，从而提高了作物的抗旱能力。

20世纪80年代以来，陕西、甘肃、宁夏、青海、山西和内蒙古不少典型村、乡不断改进传统农业技术，采用伏秋深耕、蓄水保墒；增施肥料、有机肥与无机肥结合；搞好农田基本建设，增强保水保肥抗旱能力；选用良种，增强抗旱耐瘠薄能力；改革栽培方式，实行模式化栽培技术等。在多年实践中，将传统技术与现代技术相结合，摸索出了一条适合我国北方干旱、半干旱区发展旱地农业的技术途径，在提高土壤肥力、增强农田抗旱能力等方面都取得显著效果。

此外，在有条件的旱地农业区，修建环山渠、山塘和水窖等小型工程，将坡地上和耕地周边的雨水径流汇集储存起来，发展“径流农业”或“半水浇地”“半水灌溉”。半水浇地是一些地方由于受水资源和工程等条件限制，无法实行完全灌溉的一种非常规的灌溉形式。我国东北地区在春季进行的春玉米“坐水”播种就是半水灌溉的一种类型。实践证明，径流农业或半水灌溉是提高旱地农业抗旱能力和农业增产的有效措施。特别在北方旱地农业区，我国传统的旱地农业抗旱技术得到了继承和发展。例如，在改变和改善旱地生产条件方面所进行的改良土壤、建造坝堰、引洪漫地、平田整地、修梯田、培地埂、建水平沟和鱼鳞坑等；在改善耕作技术方面所进行的深耕、伏耕、中耕、除草、耙耱镇压、开沟培垄、水平耕作、带状种植、间作套种等；在蓄水保墒方面的夏雨秋用、秋雨春用、地膜覆盖等；在选育耐旱作物和品种等方面，各地都涌现了一批旱地农业增产的典型小流域和小区。这些先进典型展示了我国旱地农业存在巨大的增产潜力。

七、抗旱服务组织

抗旱服务组织是水利服务体系的一个组成部分，也是农业社会化服务体系的一个组成部分。抗旱服务组织以抗旱服务为中心，公益性服务和经营性服务相结合，以机动、灵活、方便、快捷的服务形式做好抗旱和实现稳产增产为目标，提供多方位的综合性服务。例如，提水灌溉，抗旱设备维修，燃料和电力供应，灌排设施的建设与维护，抗旱技术咨询等。实践证明，抗旱服务组织比较适合我国农村实际情况，被广大基层干部和群众誉为抗旱的“及时雨”“轻骑兵”“抗旱110”，成为农村社会化服务体系的重要组成部分，每年在抗旱浇地、解决农村人畜临时性饮水困难等应急抗旱和维修、租赁抗旱设备，参与各类抗旱工程建设中发挥着很大的作用，已发展成为新时期政府组织抗旱的生力军。

抗旱服务组织不仅有利于合理使用抗旱资金和充分利用分散的水源，而且有利于农业节水技术的推广和节水抗旱政策法规的执行。抗旱服务组织的建立，促进了抗旱资金使用和管理的改革，使抗旱补助资金从分散投放变为对抗旱服务组织固定资产的集中投入，形成长期的抗旱能力，发挥长期的抗旱效益。在易旱地区推广抗旱服务组织建设，是不断提高抗旱服务的工作效率和科学水平的重要手段。但是，目前抗旱服务组织的建设和发展还不平衡，要健全抗旱服务组织，必须逐步建立起以县级抗旱服务组织为龙头，以乡镇抗旱服务组织为纽带，以村组抗旱协作组织为基础的社会化抗旱服务网络，尽可能覆盖广大易旱地区。

各级抗旱服务组织还要加强管理，提供多方位的综合性服务，如提水灌溉，抗旱设备维修、供应，小型水利和节水设施的建设与维护，抗旱技术咨询等。同时要在以抗旱服务为中心的前提下，延伸和扩展自身的服务领域，改进服务质量，重视经济效益，以提高抗旱服务组织的自我发展能力。此外，要改善和加强抗旱服务组织的能力建设，依靠科技进步，改善服务设施，不断提高人员素质，开展科学抗旱措施的研究，提高服务水平和效率。

第三章　防汛抗旱组织与职责

第一节　防汛抗旱组织机构

防汛抗旱是关系到社会安全和稳定，关系到社会主义现代化建设能否顺利进行的大事。各级人民政府应当加强领导，采取措施，做好防洪抗旱工作。各级防汛部门应建立常设机构，将防汛抗旱工作作为一项长期的任务来抓。

防汛抗旱机构担负着发动群众、组织各方面社会力量，从事防汛指挥决策等重大任务，在防汛抗旱工作中需进行多方面的联系和协调工作。所以，需要建立强有力的组织机构，负责有机的配合和科学的决策，做到统一指挥、统一行动。

《中华人民共和国防洪法》规定，防汛抗洪工作实行各级人民政府行政首长负责制，统一指挥，分级、分部门负责。国务院设立国家防汛抗旱指挥机构，负责领导、组织全国的防汛抗旱工作，其办事机构设在国务院水行政主管部门。在国家确定的重要江河、湖泊可以设立由有关省、自治区、直辖市人民政府和该江河、湖泊的流域管理机构负责人等组成的防汛抗旱指挥机构，指挥所管辖范围内的防汛抗旱工作，其办事机构设在流域管理机构。

省、市、县（市、区）人民政府应分别设立由有关部门、当地驻军、人民武装部负责人等组成的防汛防旱指挥部，在上级防汛指挥机构和本级人民政府的领导下指挥本行政区域的防汛抗洪工作，其常设办事机构设在同级水行政主管部门，具体负责防汛抗旱指挥机构的日常工作。防汛抗旱指挥机构各成员单位按照分工，各司其职，做好防汛抗旱工作。全国防汛抗旱组织系统如图 3－1 所示。

一、防汛抗旱机构的职责

1. 国务院设立国家防汛抗旱总指挥部

由国务院副总理任总指挥，领导全国的防汛工作。国家防汛抗旱总指挥部（以下简称“国家防总”）成员由中央军委联合参谋部和国务院有关部门负责人组成。国家防汛抗旱总指挥部办公室（设在水利部）为其办事机构，负责管理全国防汛的日常工作，统一指挥全国的防汛工作，制定有关防汛工作的方针、政策、法令和法规，根据气象和水情进行防汛动员，对大江大河的洪水进行统一调度，监督各大江河防御特大洪水方案的执行，对各地动用重大分滞洪区要求进行审批，组织对重大灾区的救灾，指导灾区恢复生产，重建家园。

2. 省（自治区、直辖市）、地、县设立防汛抗旱指挥部

有防汛抗旱任务的各省（自治区、直辖市）以及县级以上地方人民政府，成立防汛抗旱指挥部，由同级人民政府有关部门、当地驻军和人民武装部负责人组成，各级人民政府行政领导任指挥长。其办事机构设在相应的水利行政主管部门，负责所辖范围内的防汛抗

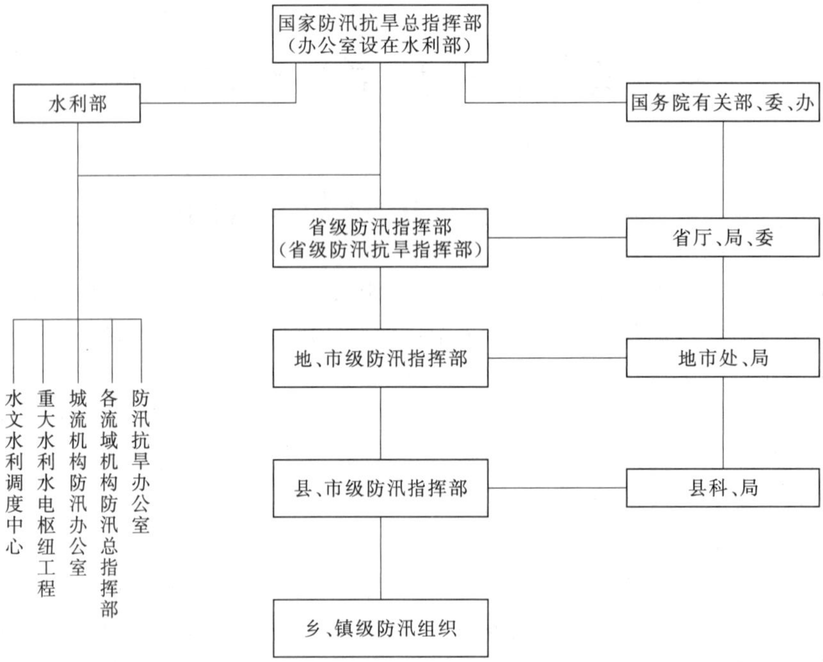

图 3－1　全国防汛抗旱组织系统示意图

旱日常工作。

各级防汛抗旱指挥部在同级人民政府和上级防汛抗旱指挥部的领导下，具有行使政府防汛抗旱指挥和监督防汛抗旱工作的职能。根据统一指挥、分级分部门负责的原则，各级防汛抗旱机构的职责如下：

（1）贯彻执行国家有关防汛抗旱工作的方针、政策、法规和法令。

（2）组织制定并监督实施各种防御洪水方案、洪水调度方案和抗旱工作预案。

（3）及时掌握汛期雨情、水情、险情、旱情、灾情和气象形势，了解长短期水情和气象分析预报，必要时启动应急防御对策。

（4）组织防汛抗旱检查工作。

（5）负责防汛抗旱物资的储备、管理和防汛抗旱资金的计划管理。资金包括列入各级财政年度预算的防汛抗旱岁修费、特大防汛抗旱补助费以及受益单位缴纳的河道工程修建维护管理费、防汛抗旱基金等。针对防汛抗旱物资要制定国家储备和群众筹集计划，建立保管和调拨使用制度。

（6）负责统计掌握洪涝和干旱灾害情况。

（7）负责组织抗洪抢险，调配抢险劳力和技术力量。

（8）督促蓄滞洪区安全建设和应急撤离转移准备工作。

（9）组织防汛抗旱通信和报警系统的建设管理。

（10）组织汛后检查、防汛工程水毁修复情况等。

（11）开展防汛抗旱宣传教育和组织培训，推广先进的防汛抢险和抗旱新技术、新产品。

3. 水利部所属的流域管理机构防汛抗旱指挥部

由有关省、自治区、直辖市人民政府行政首长和流域机构负责人组成，负责协调指挥本流域的防汛抗旱工作，执行规定的调度方案。

二、有关部门的防汛职责

防汛抗旱是一项综合性很强的工作，需要动员和调动各部门各方面的力量，在政府和防汛指挥部的统一领导下，分工合作、同心协力，共同完成抗御洪水灾害的任务。

(1) 水行政主管部门负责所辖已建和在建的水库、堤、闸工程的维护管理，防洪调度方案的实施以及组织防汛抢险工作。

(2) 气象、海洋部门负责暴雨、台风、潮位和异常天气的监测预报，按时向防汛部门提供气象预报和有关公报。

(3) 水文部门负责汛期各水文站网的测报报汛。当流域内降雨，水库、江河水位、流量达到一定标准时，应及时向防汛部门提供雨情、水情和有关预报。

(4) 电力部门负责所辖工程的汛期防守和防洪调度计划的实施。

(5) 建设部门根据江河防洪规划方案做好城区防洪、排水规划，负责所辖防洪工程的防汛与抢险。

(6) 邮政、通信部门应在汛期提供优先通话，保持通信畅通。

(7) 物资、商业、供销部门负责提供防汛抢险物资供应和必要的储备。

(8) 民政部门负责灾民的安置和救济。

(9) 公安部门负责防汛治安管理和安全保卫工作。

(10) 人民解放军和武警部队负有协助地方防汛抢险和营救群众的任务。汛情紧急时负有执行重大防洪措施的使命。

第二节　防汛抗旱责任制

防汛抗旱是一项责任重大而复杂的工作，关系到国民经济的发展和城乡人民生命财产的安全。洪水到来时，工程一旦出现险情，防汛抢险是压倒一切工作的大事，需要动员和调动各部门各方面的力量投入战斗，必要时还要当机立断，做出牺牲局部、保存全局的重要决策，必须建立和健全各种防汛责任制，实现防汛工作正规化和规范化，做到所有工作各负其责，这是做好防汛工作的关键。

《中华人民共和国防洪法》第三十八条规定，“防汛抗洪工作实行各级人民政府行政首长负责制，统一指挥、分级分部门负责”。所以，各级防汛抗旱指挥部要建立健全切合本地实际的防汛管理责任制度。防汛责任制包括行政首长负责制、分级管理责任制、分包责任制、岗位责任制、技术责任制和值班工作责任制等。

一、行政首长负责制

为战胜洪水和干旱灾害，平时要组织动员广大干部群众，使其在思想上、组织上做好充分准备，克服种种麻痹思想。一旦发生洪涝和干旱，当人民生命财产遭受严重威胁时，就需要发挥政府职能，加强有效管理，动员和调动各部门各方面的力量，发挥各自的职能优势，同心协力共同完成。因此，需要各级政府的主要负责人亲自主持，全面领导和指挥防汛抢险救灾工作，保障防汛抗洪统一领导、统一指挥、统一调度的方针得以实施。根据《中华人民共和国防洪法》和《中华人民共和国防汛条例》的有关规定以及实际工作需要，我国的防汛抗旱工作实行各级人民政府行政首长负责制。

省（自治区、直辖市）、地（市）、县（市、区）、乡（镇）各级政府一般都有一名主要负责人分工抓抗旱工作。以便加强防汛抗旱的工作领导，明确责任和任务，组织协调各部门工作，发动群众投入防汛抗旱，更好地推动防汛抗旱工作的开展。

国家防总 2003 年印发了《各级地方人民政府行政首长防汛抗旱工作职责》（国汛〔2003〕1 号），规定地方各级行政首长防汛抗旱主要职责有：

（1）负责组织制定本地区有关防汛抗旱的法规、政策。组织做好防汛抗旱宣传和思想动员工作，增强各级干部和广大群众水的忧患意识。

（2）根据流域总体规划，动员全社会的力量，广泛筹集资金，加快本地区防汛抗旱工程建设，不断提高抗御洪水和干旱灾害的能力。负责督促本地区重大清障项目的完成，负责督促本地区加强水资源管理，厉行节约用水。

（3）负责组建本地区长设防汛抗旱办事机构，协调解决防汛抗旱经费和物资问题，确保防汛抗旱工作顺利开展。

（4）组织有关部门制定本地区防御江河洪水、山洪和台风灾害的各项预案（包括运用蓄滞洪区方案等），制定本地区抗旱预案和旱情紧急情况下的水量调度预案，并督促各项措施的落实。

（5）根据本地区汛情、旱情，及时做出防汛抗旱工作部署，组织指挥当地群众参加抗洪抢险和抗旱减灾，坚决贯彻执行上级的防汛调度命令和水量调度指令。在防御洪水设计标准内，要确保防洪工程的安全；遇超标准洪水，要采取一切必要措施，尽量减少洪水灾害，切实防止因洪水造成人员伤亡事故；尽最大努力减轻旱灾对城乡人民生活、工农业生产和生态环境的影响。重大情况及时向上级报告。

（6）水旱灾害发生后，要立即组织各方面力量迅速开展救灾工作，安排好群众生活，尽快恢复生产，修复水毁防洪和抗旱工程，保持社会稳定。

（7）各级行政首长对本地区的防汛抗旱工作必须切实负起责任，确保安全度汛和有效抗旱，防止发生重大灾害损失。如因思想麻痹、工作疏忽或处置失当而造成重大灾害后果的，要追究领导责任，情节严重的要绳之以法。

二、分级管理责任制

根据水库、堤、闸所处地区、工程等级和重要程度等，确定省、地（市）、县、乡、镇分级管理运用、指挥调度的权限责任。在统一领导下，对水库、堤、闸实行分级管理、分级调度、分级负责。

三、分包责任制

为确保水库、堤、闸工程和下游保护对象的汛期安全，省、地（市）、县、乡负责人和县防汛指挥部领导成员实行包库、包堤段责任制，责任到人，有利于防汛抢险工作的开展。

四、岗位责任制

工程管理单位的业务处室和管理人员以及护堤员、防汛工、抢险队要制定岗位责任制。明确任务和要求，定岗定责，落实到人。岗位责任制的范围、项目、安全程度、责任时间等，要做出条文规定，要有几包几定，一目了然。要规定进行评比、检查制度，发现问题及时纠正，强调严格遵守纪律。

五、技术责任制

为实现科学抢险、优化调度以及提高防汛指挥的准确性和可靠性，凡是评价工程抗洪能力、确定预报数字、制定调度方案、采取的抢险措施等有关技术问题，均应由专业技术人员负责，建立技术责任制。县、乡的技术人员要实行技术包库、包堤段负责制，责任到人，对水库、堤、闸安全技术负责。

六、值班工作责任制

为了随时掌握汛情，减少灾害损失，在汛期，各级防汛指挥机构应建立防汛值班制度，汛期值班室 24 小时不离人。值班人员必须坚守岗位，忠于职守，熟悉业务，及时处理日常事务，以便防汛机构及时掌握和传递汛情。要加强上下联系，多方协调，充分发挥水利工程的防汛减灾作用。防汛值班的主要责任是：

（1）熟悉所辖区的防汛基本资料。对所发生的各种类型洪水要根据有关资料进行分析研究。

（2）按时请示报告。对重大汛情及灾情要及时向上级汇报，对需要采取的防洪措施要及时请求批准执行，对授权传达的指挥命令及意见，要及时准确传达。

（3）及时掌握汛情。汛情一般包括雨情、水情、工情和灾情。要按时了解雨情、水情实况和水文、气象预报；了解水库和河道等防洪工程的运用和防守情况；主动了解受灾地区的范围和人员伤亡以及抢救情况。

（4）及时掌握各地水库、堤、闸发生的险情及处理情况。

（5）对出现的重大险情要整理好值班记录，以备查阅，并归档保存。

（6）严格执行交接班制度，认真履行交接班手续。

（7）做好保密工作，严守国家机密。

七、防汛抗旱安全事故责任追究

为认真落实防汛抗旱行政首长负责制，严肃防汛抗旱纪律，依法追究防汛抗旱安全事故行政责任人的责任，2004 年国家防办根据《中华人民共和国防洪法》《中华人民共和国行政监察法》《中华人民共和国防汛条例》《国务院关于特大安全事故行政责任追究的规定》等法律、法规和国家防总《关于各级地方人民政府行政首长防汛抗旱工作职责》的有关规定，组织制定了《防汛抗旱安全事故责任追究暂行办法》（以下简称《办法》)。

《办法》规定：各级地方人民政府防汛抗旱行政责任人以及按照防汛抗旱责任制要求明确的具体区域或工程的有关行政责任人，对所管辖范围内发生的防汛抗旱安全事故，因失职、渎职或工作不力，造成重大经济损失、人员伤亡或者对社会稳定造成不良影响的，要依法追究其责任并按照有关规定给予行政处分；构成犯罪的，依法追究其刑事责任。

第三节　防汛抗旱预案编制

防汛抗旱预案是对防御江河洪水灾害、山地灾害（山洪、泥石流、滑坡等）、台风暴潮灾害、冰凌洪水灾害以及因地震、爆炸等突发性因素引起的洪水灾害和旱灾防御方案的统称。它是在现有工程设施条件下，针对可能发生的各类洪水灾害、旱灾而预先制定的防御方案、对策和措施，是各级防汛抗旱指挥部门实施指挥决策和调度、抢险救灾的依据。

一、编制预案的必要性

1. 目前防汛形势严峻，预做对策十分必要

我国地域辽阔，自然地理、气候条件复杂，降雨时空分布严重不均，七大江河的中下游平原地区均受洪水威胁，东部沿海地区夏秋季多暴雨洪水，台风暴潮活动频繁，是世界上洪涝灾害最严重的国家之一。目前我国防洪标准仍然比较低，仅能防御常遇洪水，对于大洪水和特大洪水还无法有效控制。为了减轻洪涝灾害，根据可能出现的各种洪水灾害情况，制定防洪预案，强化对策，十分必要。

2. 能进一步明确防汛各级各部门的任务和职责

可以进一步明确行政首长负责制、防汛抗旱第一责任人的职责，明确各级各部门的防洪任务和职责，使其各司其职、各尽其职，既做好本身的防洪工作，又加强相互间的协作配合，做好全局的防洪抗旱工作。

3. 便于指挥调度

可以使防洪抢险、抗旱工作任务一目了然，做到心中有数。有利于防汛抗旱指挥机构提高指挥、调度、决策的科学性、条理性、连贯性和合理性。可以使防洪一线的防守人员尽快熟悉抗洪抢险救灾工作的内容、计划、操作流程，明确责任分工。

4. 有利于提高全民的防洪减灾意识

编制防汛抗旱预案，也是动员各行各业和广大军民投入防洪的过程，可以提高全民和整个社会的防洪减灾意识。

5. 能加强防洪环节间的衔接

防洪预案调动了全社会各行业各部门的参与，加强了防汛抗旱各个环节之间的衔接，有利于消除工作中考虑不周的问题。

6. 使工程措施和非工程措施有机结合

不仅使河道、堤防、水库、水闸、分蓄洪区、湖泊、洼地等工程单元的功能得到充分发挥，而且进一步健全防御体系，使防汛抗旱系统发挥其整体最优作用。

二、编制预案的依据和基本原则

1. 编制依据

编制预案的依据涉及防洪减灾的法律、条例、规定和政策等。包括《中华人民共和国水法》《中华人民共和国防洪法》《中华人民共和国防汛条例》《中华人民共和国气象法》《中华人民共和国河道管理条例》《水库大坝安全管理条例》《国家突发公共事件总体应急预案》《国家防汛抗旱应急预案》《中华人民共和国蓄滞洪区运用补偿暂行办法》等国家有关法规、条例和政策，已批准的防洪调度方案，流域防洪规划和防御洪水方案，上级和同级人民政府颁布的有关法规以及上级人民政府有关部门制定的防洪抗旱预案等。

2. 编制的工作原则

以确保人民群众生命安全为首要目标，贯彻以人为本的方针和行政首长负责制；坚持服从大局、分工合作、各司其职；坚持以防为主、防抢结合，努力实现由控制洪水向管理洪水转变；坚持因地制宜、突出重点；坚持统一指挥、统一调度、全力抢险；坚持公众参与、军民联防；坚持工程措施与非工程措施相结合等原则。

3. 编制的主要目的

做好水旱灾害突发事件防范与处置工作，使水旱灾害处于可控状态，保证抗洪抢险、抗旱救灾工作高效有序进行，最大限度地保障人民群众生命安全，避免和减少人员伤亡，保障城乡经济社会安全稳定和可持续发展，以减轻灾害损失为主要目的。

要合理确定防洪保护重点，不同地区、不同层次、不同部门、不同量级的洪水，防洪保护重点有所不同。但重要水库、重要堤防、重要闸坝、大中城市、重要交通干线、重要设施和重要经济区域必须予以确保。

4. 制定洪水调度方案及审批权限

为了使防汛工作得到正常监控，达到最大限度地保障人民群众生命安全，避免和减少人员伤亡的应急预案目的，2005 年的《中华人民共和国防汛条例》重点修改了制定洪水调度方案与审批权限，第十二条至第十四条做出的规定如下：

有防汛任务的地方，应当根据经批准的防御洪水方案制定洪水调度方案。长江、黄河、淮河、海河（海河流域的永定河、大清河、漳卫南运河和北三河）、松花江、辽河、珠江和太湖流域的洪水调度方案，由有关流域机构会同有关省（自治区、直辖市）人民政府制定，报国家防汛总指挥部批准。跨省（自治区、直辖市）的其他江河的洪水调度方案，由有关流域机构会同有关省、自治区、直辖市人民政府制定，报流域防汛指挥机构批准；没有设立流域防汛指挥机构的，报国家防总批准。其他江河的洪水调度方案，由有管辖权的水行政主管部门会同有关地方人民政府制定，报有管辖权的防汛指挥机构批准。

洪水调度方案经批准后，有关地方人民政府必须执行。修改洪水调度方案，应当报经原批准机关批准。

有防汛抗洪任务的企业应当根据所在流域或者地区经批准的防御洪水方案和洪水调度方案，规定本企业的防汛抗洪措施，在征得其所在地县级人民政府水行政主管部门同意后，由有管辖权的防汛指挥机构监督实施。

水库、水电站、拦河闸坝等工程的管理部门，应当根据工程规划设计、经批准的防御洪水方案和洪水调度方案以及工程实际状况，在兴利服从防洪，保证安全的前提下，制定汛期调度运用计划，经上级主管部门审查批准后，报有管辖权的人民政府防汛指挥部备案，并接受其监督。

经国家防总认定的对防汛抗洪关系重大的水电站，其防洪库容的汛期调度运用计划经上级主管部门审查同意后，须经有管辖权的人民政府防汛指挥部批准。

5. 防汛抢险应急预案的实施

防汛抢险应急预案经批准后，有关地方人民政府、部门、单位、企业必须执行。各省、自治区、直辖市、地、市、县的行政首长要对所管辖区的防汛抢险预案的实施负总责。

三、预案的基本内容

汛期突发性的洪水灾害形式有：江河洪水、渍涝灾害、山洪灾害（降雨引发的山洪、泥石流、滑坡灾害）、冰凌洪水灾害、热带风暴、台风暴潮灾害。因此，防汛抢险应急预案分为防御洪水灾害应急预案、防御山地灾害应急预案、防御冰凌洪水灾害应急预案、防御台风暴潮灾害应急预案、防御突发性洪水［由于防洪工程失事（如溃堤、倒闸、垮坝等）而造成的灾害性洪水］应急预案等。各地可根据当地存在的主要灾害形式编制一种或几种防洪抢险应急预案。

一个完整的防洪预案应包括当地基本情况和工程防护对象的描述，包括具有实用性和可操作性的防、抗、抢、救、堵方面的应急措施，要有洪水调度方案和具体实施方案，以及方案实施所必需的保障条件等。干旱预案编制的主要内容有：①基本情况；②指挥体系及职责；③预防及预警；④应急响应；⑤后期处置；⑥保障措施；⑦编制、审查与审批。

下面以《水库防洪抢险应急预案》（以下简称《应急预案》）为例，简要概述如下：

编制《应急预案》是为了提高水库突发事件应对能力，切实做好水库遭遇突发事件的防汛抢险调度和险情抢护工作，力保水库工程安全，最大限度地保障人民群众生命安全，减少损失。

1. 使用范围

（1）水库工程遭遇重大险情的突发事件有：超标准洪水、工程隐患、地震灾害、地质灾害、上游水库溃坝、上游大体积漂移物的撞击事件、战争或恐怖事件、其他。

（2）适用于大中型水库，小型水库可参照执行。

2. 水库工程概况

为方便领导指挥决策，对水库所在流域或流域内的基本情况进行简要描述，主要包括以下内容：

（1）流域概况。水库自然地理、水文、气象及流域内水利工程建设等基本情况。

（2）工程基本情况。水库工程等级、坝型以及挡水、泄水、输水等建筑物的基本情况，水库工程技术特性，泄流曲线等技术参数，大坝历次安全鉴定情况。

（3）工程水文情况。水库所在流域暴雨、洪水特征、水文测站（包括水文自动测报系统）分布、观测项目、防汛方式及洪水预报方案，以及预见期、预报精度等。

（4）工程安全监测。水库工程安全监测项目、测点分布以及监测设施、工况等，以往水库工程安全监测情况、重点分析发现的异常情况。

（5）汛期调度运用计划。经批准的水库汛期调度运用计划。

（6）历史灾害及抢险情况。水库兴建以前，工程所在流域发生的洪水、地震、地质等重大灾害的相关情况；水库兴建以来，工程所在流域发生的洪水、地震、地质灾害和工程重大险情等，以及水库调度、抢险和灾害损失等情况。

3. 突发事件危害性分析

（1）重大工程险情分析。根据水库实际情况，分析可能导致水库工程出现重大险情的主要因素，可能出现重大险情的种类；估计可能发生的概率，可能出现的重大险情对水库工程安全的危害程度。

（2）大坝溃决分析。根据水库实际情况，分析可能导致水库大坝溃决的主要因素，可能发生的水库溃决形式；参照有关技术规范，进行溃决洪水计算；水库溃决洪水对下游防洪工程、重要保护目标等造成的破坏程度和影响范围，绘制水库溃决风险图；水库溃坝对上游可能引发滑坡崩塌的地点、范围和危害程度。

（3）影响范围内有关情况。确定影响范围内的人口、财产等社会经济情况，范围内的防洪重点保护对象，范围内的工程防洪标准以及下游河道安全泄量等。

4. 险情监测与报告

（1）险情监测和巡查。规定水库工程险情监测、巡查的部位、内容、方式、频次等，规定监测、巡查人员组成及监测、巡查结果的处理程序。

（2）险情上报与通报。规定险情上报、通报的内容、范围、方式、程序、频次和联络方式等。

5. 险情抢护

（1）抢险调度。根据水库发生的险情，确定水库允许最高水位及最大下泄流量，制定相应的水库抢险调度方案；根据抢险调度方案制定相应的操作规程，明确水库调度权限、执行部门等。

（2）抢险措施。根据险情及抢险调度方案，制定相应的抢险措施。

（3）应急转移。确定受威胁区域人员及财产转移安置任务；根据受威胁区域现有交通状况、社区分布和安置点的分布情况，制定应急转移方案；规定人员转移警报发布条件、形式、权限及送达方式等；规定组织和实施受威胁区域人员和财产转移、安置的责任部门和责任人；制定人员和财产转移后的警戒措施，明确责任部门。

6. 应急保障

（1）组织保障。明确水库防汛指挥部指挥长、副指挥长及成员单位负责人，明确实施《应急预案》的职责分工和工作方式；确定水库应急抢险专家组组成。

（2）队伍保障。根据需求和当地实际，确定抢险队伍组成、人员数量和联系方式，明确抢险任务，提出设备要求等。

（3）物资保障。根据抢险要求，提出抢险物资种类、数量和运达时间要求；说明水库自备和可征调的抢险物资种类、数量、存放地点，以及交通运送、联系方式等。

（4）通信保障。规定紧急情况下，水情、险情信息的应急传送方式；规定抢险指挥的通信方式。

（5）其他保障。规定交通、卫生、饮食、安全等其他保障措施，规定宣传报道的发布权限和方式等。

7.《应急预案》启动与结束

明确启动与结束《应急预案》的条件，明确启动和结束《应急预案》的决策机构与程序。

8. 附图、附表

水库工程的有关技术参数是《应急预案》抢险措施的重要依据，水库管理单位应将所有技术资料准备齐全，根据国家防办 2006 年 3 月颁布的《水库防汛抢险应急预案编制大纲》要求，这些资料包括：

（1）附图。水库及下游重要防洪工程和重要保护目标位置图，水库枢纽平面布置图，水库枢纽主要建筑物剖面图，水库水位-库容、水库水位-面积和水库水位-泄量关系曲线图，水库洪水风险图。

（2）附表。水库工程技术特性表，水库下游主要河段安全泄量、相应洪水频率和水位表，水库险情及抢险情况报告表。

四、编制防洪预案应注意的事项

洪水是一种自然灾害，无法抗拒，防汛抢险预案只是针对可能发生的各类洪水险情制定的防御对策和措施。防汛抢险预案内容广泛，涉及关系和问题很复杂，在编制时应注意以下事项。

1. 编制小组

防汛抢险应急预案在防汛法规中具有重要的法律地位，是一项重要的非工程措施，要高度重视预案编制工作，应将预案的编制工作纳入正规化、规范化和制度化建设的轨道。防汛是政府行为，要在各地政府防汛行政首长领导下成立预案编制小组，小组成员应包括本项应急处置工作参与的各部门负责人及相关专家和技术人员。

2. 编制预案的理念

应急预案编制的成员，思想上要有前瞻性，要以科学发展观和以人为本的指导思想指导整个编制工作，要充分认识到洪水是一种自然灾害，无法抗拒，但可以通过制定事前、事中的应急预案加以预防控制，将灾害损失降至最低。应急预案应体现“努力实现由控制洪水向管理洪水转变”的理念。

3. 岗位与职责的编写

在预案编制中，要把防汛职责划分放在十分重要的位置，地方行政首长是防汛的第一责任人，对防汛抢险工作负总责，行政首长负责制是做好防汛工作的核心和关键，要把以行政首长负责制为核心的防汛责任制贯穿到各分工责任单位及各项防汛抢险工作。预案在明确防汛抢险岗位职责时，切忌一人多岗，一个人在紧急关头是不可能同时在多个岗位上履行职责的。

4. 编制有“个性”的预案

防汛抢险应急预案的编写，针对性要强，不能千篇一律。要充分考虑当地气象、水文、地理地质、工程特性、周边环境和人口密度及分布特点，考虑当地的社会公用设施、救援队伍、应急资源等现状，从而制定适合本地、本工程实际情况的防汛抢险应急预案。预案要充分体现应急工作中的“防”“抢”“救”特点。“防”应摆在首位，预案应做到更充分、更细致，各种灾害诱发的高风险性险情预估及预防对策都要涵盖；“抢”与“救”的预案措施要及时、可行、全面，并注意预案工作之间的衔接。

5. 预案要实用、可操作

编制防汛抢险应急预案要翔实具体，要有针对性、联动性、完整性、实用性和可操作性，并在实施中不断补充，逐步完善。每年要对应急预案做定期检查，对预案的可行性程度及响应效果做出综合评价，为下一年度防洪预案的编制提供条件。各地要根据在防汛中出现的新情况、新问题、检查结果等，更新和修订应急预案的方法，每年修订一次。

6. 预案编制要有新科技含量

目前，部分传统的防汛抢险方法已与科技发展不相适应，方法落后，劳动强度高，抢险效率低，受人力、防汛物料的限制，难以在防汛抢险中继续使用，而新的雨情、水情、洪水预报网络系统监控点增多、准确度提高；新的防汛抢险材料强度高、耐久性强；新的抢险机具、设备等能够有效提高抢险效率，为险情的及时抢护争得主动，赢得时间。编制防汛抢险应急措施时，应根据所辖工程的具体情况，因地制宜地加以选择，注重应用新材料、新机具、新技术、新方法，逐步加大新科技在防汛抢险中的应用。

第四章　防汛应急管理

第一节　汛前准备工作

洪水灾害发生有一定的规律性，防汛工作就是根据掌握的洪水特征，有针对性地做好预防工作，采取积极预防措施，减少洪水灾害损失。防洪抢险工作是一项系统工程，它涉及社会的各个方面，是一项政策性、技术性很强的工作。对汛期洪水，首先是立足于防。每年汛期到来之前，必须按照可能出现的情况，充分做好各项防汛抢险准备，汛前准备工作既要有宏观的全局控制意识，又要有微观可操作的实施办法。汛前准备工作主要有以下几个方面。

一、思想准备

防汛抢险工作是长期的任务，要年年抓。防汛的思想准备是各项准备工作的首位，不能有半点疏忽。要认真贯彻“安全第一，常备不懈，以防为主，全力抢险”的防汛方针，在思想上要做到“宁可信其有，不可信其无”。切实克服麻痹思想、侥幸心理、松懈情绪和无所作为的情绪。要以对国家、对人民高度负责的精神，认真抓好各项准备工作。

二、舆论宣传

利用广播、电视、报纸等多种方式，宣传防汛抗灾的重要意义，总结历年洪水危机事件应急处理的经验教训，使广大干部和群众克服麻痹思想和侥幸心理，坚定信心，增强抗洪减灾意识，树立团结协作、顾全大局的思想，加强组织纪律性，服从命令听指挥。同时加强法制宣传，使有关防汛工作的法规、办法家喻户晓，防止和抵制一切有碍洪水危机应急处理行为的发生。要向社会公布防汛责任人名单，检查监督履行防汛安全责任。

三、组织准备

防洪抢险具有时间紧、任务急、技术性强、群众参与等特点，多年的洪水应急抢险实践，尤其是1998年抢险的实践证明，要取得抢险工作的全面胜利，一靠及时发现险情，二靠抢险方法正确，三靠人力、物料和后勤保障跟得上。人防工程在抢险工作中占有重要的地位，主要包括健全防汛抢险的领导机构、组织好防汛抢险队伍、做好抢险队伍的技术培训工作等内容。1998年，长江、松花江及嫩江出现特大洪水，仅长江干堤就出现险情6000多处，在解放军与当地群众的拼搏努力下，这些险情都转危为安。所以要求各级行政首长实行目标责任制，明确各级行政领导的第一把手是第一责任人。

防汛是动员组织全社会的人力和物力防止和与洪涝灾害，必须要有健全而严密的组织系统。防汛指挥机构是一个综合协调参谋机构，按照《中华人民共和国防洪法》《中华人民共和国防汛条例》的规定，有防汛任务的县级以上地方人民政府必须设立有关部门、当地驻军、人民武装部负责人等组成的防汛指挥机构，领导指挥当地的防汛抗洪工作。

每年汛前，各地要根据防汛指挥机构部门人员的变化情况，对防汛指挥机构进行调整，以政府文件印发落实。同时，各级防汛指挥机构还要根据防汛工作的实际需要，对防汛指挥机构中的各个部门职责任务进行明确，下发文件执行。每年汛前要做好的各项组织准备工作主要有：

（1）建立健全防汛机构。各级政府由有关部门和单位组成防汛指挥机构。各级政府在年初及时明确防汛指挥长和指挥部组成人员，完善指挥机构，汛前召开指挥长会议，充实防汛抗旱办公室力量。

（2）做好水情测报传输组织准备工作。

（3）做好各个部门协调配合的组织准备，完善汛期信息网络。

（4）各级有防汛岗位责任的人员，要做好汛期上岗到位的组织准备。

（5）各级防汛部门要做好防汛队伍的组织准备。

（6）做好当地驻军和武装部队投入防汛工作的部署准备。

四、技术准备

技术准备是指险情调查资料的分析整理和与堤防有关的地形、地质、水情、设计图纸的搜集等。主要包括以下内容。

1. 险情调查

此项工作应在汛前进行。首先是搜集历年险情资料，进行归纳整理；其次是掌握上一年度及往年对险工险段的整治情况。根据上述资料，对重大险工险情进行初步判断，并告知于民。

2. 收集技术资料

汛前应收集堤防的设计资料及相关建筑物的设计图纸，绘制堤防的纵剖面图，标注出堤基地质特征、堤顶高程、堤坡坡比、历年最高水位线、堤脚处的一般地面高程。配备堤防辖区的1：50000地形图和1：5000～1：10000堤防带状地形图。

3. 统一报警方法

警号规定：

（1）利用广播电视、移动电话、对讲机、报警器报警时，警号可现场约定。

（2）当没有条件采用现代设备进行报警时，可因地制宜地采用口哨、锣鼓，甚至鸣枪报警，警号应事先约定。

出险标志：出险和抢险的地点，要做出显著的标志，如红旗、红灯等。

广而告之：无论用何种报警器具和方法，都要有严密的组织和纪律，并使之家喻户晓。

五、抢险料物准备与供应

防汛料物是防汛抢险的重要物质条件，须在汛前筹备妥当，以满足抢险的需要。汛期发生险情时，应根据险情的性质尽快从储备的防汛物资中选用合适的抢险料物进行抢护。如果料物供应及时，抢险使用得当，会取得事半功倍的效果，化险为夷；否则，将贻误时机，造成抢险被动。

防汛使用的主要物资有土料、沙料、石料、石子、木料、竹料、草袋、麻袋、编织袋、土工织物、土工膜、篷布、铅丝、绳索、照明器材、运输工具和救生设备等。防汛物资准备工作，主要是根据水库、堤防、涵闸等工程防洪标准和质量、易出险的部位和下游保护对象等情况，检查所备防汛物料品种是否齐全，数量是否满足需要，堆放地点是否合理以及库房是否安全等。汛前要对机械设备、照明和救生设备等检查清理，必要时要进行检修和测试。为汛期运送抢险物料的交通道路要保持通畅。

1. 防汛抢险物资的种类及主要用途

(1) 土料。用得最多的是散土。主要用途为修筑土质堤坝、路基，黏土防渗，黏土灌浆，堤坝抢险。

(2) 砂石料。包括石料、沙料和石子。

1) 石料有块石、料石，在防汛抢险和堵口复堤中用量很大，如抛石防冲、固脚、填塘、压枕、沉排以及砌石护坡等多采用石料。

2) 沙料有山沙、河沙、海沙，主要用于防汛抢险做反滤层和压渗排水。

3) 石子在抢险中配合沙料做反滤和压渗材料。

(3) 木料与竹料。在防汛抢险中常用于签桩护坡、打桩堵口、扎排防浪等。

(4) 编织物料。包括草袋、麻袋、苇席、编织袋、编织布等。草袋、麻袋、编织袋等在防汛抢险中有抢堵、缓冲、铺垫等用途，苇席、编织布等在防汛抢险中常用来防冲、护坡、搭棚、铺垫等。

(5) 梢料，指山木、榆、柳等树的枝梢，有的岗柴、芦苇以及秸秆柴草等也统称为梢料，在防汛抢险中用来制作柳捆、铺枕、沉排等。

(6) 土工合成材料。主要分为土工织物和土工膜两大类，分别为透水材料和不透水合成材料，土工织物又可细分为编织物、机织物、无纺织物及复合织物四种。在防汛抢险中主要利用土工合成材料的排水和防渗功能，进行坍塌、管涌、流土、滑坡等险情的抢护。应用较普遍的品种有编织袋、编织布、无纺布、土工膜（或复合土工膜），选用时应该根据应用要求和被保护土体的颗粒大小与级配来确定。

(7) 绑扎材料。主要有铁丝、棕麻绳、尼龙绳等，在防汛抢险中用于绑扎块体和捆缆物料。

(8) 油料。主要有汽油、柴油及润滑油、钢丝绳脂等。汽油、柴油为抢险车辆、机械（汽油机、柴油机等）的燃料，润滑油、钢丝绳脂用于抢险车辆、机械的维护保养。

(9) 照明设备。主要有电石灯、应急手持电灯、柴油发电机组、小型汽油发电机等，用于防汛抢险照明。

(10) 爆破器材。主要有炸药、起爆器材、点火器材等。主要用于汛期破口分泄洪水，或清除行洪障碍时的爆破作业。

(11) 防汛救生设备。主要有救生衣、救生圈、橡皮船、冲锋舟、救生艇等，用于紧急转移洪水淹没区群众。

2. 防汛物资储备定额

防汛物资准备主要是在汛前做好的应急抢险物资储备。为了保障抗洪抢险物资的应急需要，规范防汛物资储备管理，科学制定防汛物资储备定额，根据《中华人民共和国防洪法》及其他相关法规，水利部制定了《防汛物资储备定额编制规程》（SL 298—2004）规程。

各级防汛指挥机构办事部门是本辖区内防汛物资储备的主管部门。

各级防汛指挥机构防汛物资储备定额的编制，适用于该规程。受洪水威胁的企事业单位的自保工程，其防汛物资储备定额可参照该规程编制。

需要编制储备定额的基本物资种类包括抢险物料、救生器材、小型抢险机具等。该规程只对常用物资品种进行规定，未规定的物资品种以及小型工具器具等，可根据实际需要进行储备。

社会团体主要指工商企业一般代储一些大宗防汛物资，如苇席、竹竿、麻绳、麻袋、草袋、篷布、电线、照明用品等。每年汛前预订合同，用后付款，不用时按照规定给予保管费，汛后由代储单位自行处理。

沿堤群众储备临时抢险所需的柳秸料、苇席、木桩、麻布袋、棉絮（棉衣、棉被）、草捆等，由各级防汛指挥部于每年汛前号料登记，议定价格，备而不集，用后付款。

六、队伍落实

现代科学手段还无法对洪水危机发生的规律及时、准确地做出预测预报，只能年年准备，年年防守。为做好防汛抢险工作，取得防汛斗争的胜利，除充分发挥工程的防洪能力外，更主要的一条是在当地防汛指挥部门领导下，在每年汛前必须组织好防汛队伍。多年的防汛抢险实践证明，堤防抢险采取专业队伍与群众队伍相结合，军民联防是行之有效的。

1. 专业防汛队伍

专业防汛队伍由国家、省、市防汛指挥部临时指派的专家组与各基层河道管理单位的工程技术人员及技术工人组成，是防汛抢险的技术骨干力量。专业防汛队伍成员必须熟悉堤防的工程资料，例如险工险段的具体部位、险情的严重程度，以便有针对性地进行抢险的准备工作。汛期到来即应进入防守岗位，随时了解并掌握汛情、工情，及时分析险情。要组织基层专业队伍学习堤防管理养护知识和防汛抢险技术，参加专业技术培训和实战演习。

近年来，为克服抗洪抢险料物运输多以人工为主、机械化程度低、人力消耗大、抢险效率低的问题，在一些主要江河堤段和重点工程可建立训练有素、技术熟练、反应迅速、战斗力强的机动抢险队，承担重大险情的紧急抢护任务。为了提高抢险效果，机动抢险队要与管理单位结合，人员相对稳定。平时结合工程的管理养护，提高技术，参加培训和实践演习。逐步建立具有较高抢险技术水平、先进抢险机械装备、较强的全天候和全路况下快速开进能力的快速、灵活、高效的抗洪抢险队伍。

2. 群众防汛队伍

群众防汛队伍是江河防汛抢险的基础力量。它是以青壮年劳动力为主，吸收有防汛经验的人员参加，组成不同类别的防汛队伍。根据堤线防守任务的大小和距离、河道的远近，常划分一线、二线队伍，有的还有三线队伍。紧邻堤防的县、乡、村组成常备队和群众抢险队，为一线防汛队伍；紧邻一线的县、乡组成预备队，为二线队伍；离堤线较远的后方县组成三线队伍。滩区、分滞洪区、水库库区内的群众要组织迁安救护队。

常备队是堤线防守的主力队伍，负责堤防防守、巡堤查险和一般险情的抢护。根据堤防的重要程度，分段驻守足够的常备队员。抢险队由常备队中有经验的人员组成，每个县可组织多个抢险队，每队30～50人。

预备队是堤线防守的后备力量，负责运送抢险料物，必要时预备队也参与堤线防守和抢险。此外，每年汛前还应把沿河城镇、机关、工厂、学校的职工和居民组织起来，情况危急时动员他们参加防汛抢险。

3. 解放军和武警部队抢险队伍

解放军和武警部队是防汛抢险的主力军和突击力量，每当发生大洪水和紧急抢险时，他们总是不惧艰险，承担着重大险情抢护和救生任务。一般各级防汛指挥部主动与当地驻军联系，及时通报汛情、险情和防御方案，明确部队防守任务和联络部署制度。当遇大洪水和紧急险情时，立即请求解放军和武警部队参加抗洪抢险。

洪水紧张阶段，县直属单位组建预备队，工矿企业及各单位则编突击队，集中住宿，随时听候调遣。特大洪水时，动员军队及各级地方武装部队驻扎于指定地点，随时准备参加抢大险、抗大灾。各级商业、交通、物资、邮电等部门，均要听从各级防汛指挥部统一指挥和调度。凡重要险工险段都有部队参加防守。

4. 抢险技术培训

防汛抢险技术培训是防汛准备的一项重要内容，除利用广播、电视、报纸和因特网等媒体普及抢险常识外，对各类人员应分层次、有计划、有组织地进行技术培训。

（1）专业防汛队伍的培训。对专业技术人员应举办一些抢险技术研讨班，请有实践经验的专家传授抢险技术，并通过实战演习和抢险实践提高抢险技术水平。对专业抢险队的干部和队员，每年汛前要举办抢险技术学习班，进行轮训，集中学习防汛抢险知识，并进行模拟演习，利用旧堤、旧坝或其他适合的地形条件进行实际操作，增强抗洪抢险能力。

（2）群防队伍的技术培训。对群防队伍一般采取两种办法：一是举办短期培训班。进入汛期后，在县防汛指挥部的组织领导下，由县人民武装部门和水利管理部门召集常备队长、抢险队长集中培训，时间一般为3～5天，也可采用实地演习的办法进行培训。二是群众性的学习。一般基层管理单位的工程技术人员和常备队长、抢险队长分别到各村向群众宣讲防汛抢险常识，并辅以抢险挂图和模型、幻灯片、视频等方式进行直观教学，便于群众领会掌握。

（3）防汛指挥人员的培训。应举办由防汛指挥人员、防汛指挥成员单位负责人参加的防汛抢险技术研讨班，重点学习和研讨防汛责任制、水文气象知识、防汛抢险预案、防洪工程基本情况、抗洪抢险技术知识等，使防汛抢险指挥人员能够科学决策，指挥得当。

七、防汛预案修订

按照《中华人民共和国防汛条例》的规定，国家防办于1996年印发了《防洪预案编制要点（试点）》，对防汛预案的编制原则、基本内容提出了具体要求，规范了防洪预案编制工作。各级防汛指挥部门根据流域规划和防汛实际情况，按照确保重点、兼顾一般的原则，制定所辖范围内的防御洪水方案，并报上级审批，以备实施。对于原有的防御洪水方案要检查有无补充修订。

对防御洪水方案要做好宣传教育工作，做到统一思想、统一认识。要善于总结上年度防洪方案执行情况，不断改进措施，有防洪任务的水库和蓄滞洪区要根据政府批转的江河防洪方案制定汛限水位和运行调度计划，加强河道岸线管理。清楚河道阻水障碍，提高防汛抗洪效益，只有制定详尽全面、可操作性强的防洪预案，才能保证抗洪抢险工作有条不紊，忙而不乱，各级防汛指挥部门要把防汛预案编制作为防汛工作的一项重要内容，抓好落实。汛前要根据流域内经济社会状况、工程变化等因素，对防御洪水预案进行全面修订完善。江河、水库、蓄滞洪区等单项工程的防洪运用方案，要随情况的变化予以补充完善，并按照有关规定分级审批执行。防洪预案制定后，要按照《中华人民共和国防洪法》规定的权限审批，一经审批，就具有绝对权威性和法律性，一般不得随意改变，如有重大改变，则要上报审批。

八、汛前检查

汛前检查是消除安全度汛隐患的有效手段，其目的是发现和解决安全度汛方面存在的薄弱环节，为汛期安全度汛创造条件。汛前，各级防汛指挥部门要提早发出通知，对各级、各部门汛前大检查工作提出具体要求，自下而上组织汛前大检查，发现影响防洪安全的问题，责成责任单位在规定的期限内处理，不得贻误防汛抗洪工作。

在汛前检查过程中，要制定检查工作制度，实行检查工作登记制度，落实检查人和被检查人的责任，对检查中发现的问题，将任务和责任落实到有关单位和个人，明确责任分工，限汛前完成任务，堵塞不安全漏洞，消除安全度汛隐患。

各有关部门要按照防汛指挥部的统一部署，对所管辖的防洪工程设施进行汛前检查后，必须将影响防洪安全的问题和处理措施报有管辖权的防汛指挥部和上级主管部门，并按照防汛指挥部门的要求予以处理。

重点检查的主要内容有：

（1）水利防洪工程建设扫尾情况。

（2）重点防洪工程及水毁工程修复的质量和进度情况。

（3）防汛组织机构、城市、水库、堤防防汛责任制的落实情况。

（4）防汛抢险队伍的组建与抢险技术培训情况。

（5）防汛思维准备及防汛工作部署情况。

（6）防汛信息系统、防汛通信、水文设施的运行状况。

（7）堤防、水库除险加固情况。

（8）各类防汛物资器材储备及防汛除险资金落实情况。

（9）各类防汛预案的修订及蓄滞洪区蓄洪安全转移预案的修改完善情况。

（10）在建水利工程的安全度汛预案制定情况。

（11）当前防汛工作中存在的突出问题和困难。

各类建筑物（构筑物）及设施检查是其中重要的一项，主要检查各类建筑物及设施是否能够安全运用，以便及时发现薄弱环节，采取出险措施。

（一）水库工程检查

1．水库基本情况检查

（1）观测设备及数据采集。观测设备及数据采集方面应检查的内容：水文观测仪器、水文自动测报系统是否正常；来水、降水、蒸发、库水位和堰闸出流等气象水文观测数据采集、分析和精度是否可靠；水工大坝变形监测、渗流监测设备是否正常；大坝位移、浸润线、渗流量等水工监测数据是否在合理范围；上年度各项水工监测资料及气象水文观测资料整理成果是否齐全。

（2）水库水文特性。水库水文特性方面应检查的内容：了解近年来水库汛期的泄洪流量、库容水位变化情况，水库规划设计的水文资料有无补充和修正，设计暴雨、设计洪水、调洪方式等有无修正和变更。对上游含沙量大的水库，要检查泥沙对有效防洪库容的影响，校对水库库容和库容曲线有无变化。

（3）库区地形、地貌。库区地形、地貌应检查的内容：水库库区有无浸没、塌方、滑坡以及库边冲刷等现象，坝趾附近的地形、地貌有无变化，库区和上坝公路附近汛期有无可能发生塌方、滑坡、山洪泥石流等破坏道路迹象。

（4）水库调度运用。水库调度运用应检查的内容：上年度水库调度运用计划执行情况，本年度水库调度运用计划（包括防御超标准洪水方案）编制情况。

（5）应急措施。应急措施方面应检查的内容：当遭遇超标准洪水时，有无非常措施，其可行性如何；当允许非主体工程破坏时，有无防护主体工程的措施，有无减少对下游灾害损失的措施。

2．坝体检查

（1）土石坝坝体。

1）坝顶检查的内容：有无裂缝、异常变形、积水或植物滋生等现象，防浪墙有无开裂、挤碎、架空、错断、倾斜等情况。

2）迎水坡检查的内容：迎水坡护面是否损坏，有无裂缝、剥落、滑动、隆起、塌坑、冲刷或植物滋生等现象；近坝区水面有无冒泡、变浑或漩涡等异常现象。

3）背水坡及坝趾检查的内容：有无裂缝、崩塌、滑动、隆起、塌坑、雨淋沟、散浸、积雪不均匀融化、冒水、渗水坑或管涌、流土等现象；排水系统是否通畅，草皮护坡植被是否完好；有无白蚁、兽洞穴等隐患，滤水坝趾、减压井（或沟）等导渗减压设施等有无异常或破坏现象。

（2）混凝土及浆砌石坝坝体。混凝土及浆砌石坝坝体应检查的内容：相邻坝段之间是否错动，伸缩缝和止水有无损坏，上下游坝面及宽缝内有无裂缝，裂缝中漏水情况，混凝土有无破损，混凝土有无溶蚀或水流侵蚀现象，坝体排水孔的工作状态，渗漏水的水量和水质有无显著变化。

3．坝基和坝区检查

（1）土石坝坝基。

1）坝基检查的内容：基础排水导渗设施的工况是否正常，渗漏水的水量、颜色、气味及浑浊度、酸碱度、温度等有无变化。

2）坝端检查的内容：坝体与岸坡连接处有无裂缝、错动、渗水等现象，两岸坝端区有无裂缝、滑动、崩塌、隆起、塌坑、异常渗水和白蚁、兽洞穴等。

3）坝趾近区检查的内容：有无阴湿、渗水、管涌、流土或隆起等现象，排水设施是否完好。

4）坝端岸坡检查的内容：绕坝渗水是否正常，有无裂缝、滑动现象，护坡有无隆起、塌陷或其他损坏现象。

（2）混凝土及浆砌石坝坝基。混凝土及浆砌石坝坝基应检查的内容：基础岩体有无挤压、错动、松动，坝体与岩基（或岸坡）结合处有无错动、开裂、脱离及渗水等情况，两岸坝肩区有无裂缝、滑坡、溶蚀及绕渗等情况，基础排水设施是否完好、渗漏水的水量及浑浊度有无变化，基础廊道是否有裂缝、渗水等现象。

4. 输、泄水洞（管）检查

（1）引水段检查的内容：有无堵塞、淤积，两岸坡有无崩塌。

（2）进水塔（或竖井）检查的内容：有无裂缝、渗水、倾斜或其他损坏现象。

（3）洞（管）身检查的内容：洞壁有无纵横向裂缝、空蚀、剥落、渗水等现象，放水时洞内声音是否正常。

（4）出口检查的内容：放水期水流形态、输水量及浑浊度是否正常，停水期是否有渗流水。

（5）消能工检查的内容：有无冲刷、磨损、淘刷或砂石、杂物堆积现象。下游河床及岸坡有无异常冲刷、淤积和波浪冲击破坏等情况。

（6）工作桥检查的内容：是否有不均匀沉陷、裂缝、断裂等现象。

5. 溢洪道检查

（1）进水段（引渠）检查的内容：附近有无坍塌、崩岸、堵淤、水草植物或其他阻水现象，流态是否正常。

（2）堰顶或闸室、闸墩、胸墙、边墙、溢流面底板检查的内容：有无裂缝、渗水、剥落、冲刷、磨损、空蚀等现象，伸缩缝、排水孔是否完好。

（3）消能工及工作桥（或交通桥）的检查项目与输水、泄水洞（管）相同。

6. 闸门及启闭机检查

（1）闸门检查的内容：闸门是否能正常工作、运行是否灵活可靠，门叶有无变形、螺钉松动、焊缝开裂、锈蚀等损坏现象；止水橡胶有无老化、磨损、漏水，门槽有无卡堵、气蚀等情况；开度指示器是否清晰、准确；闸门部分启闭时有无振动情况，吊点结构是否牢固；钢丝绳或节链、栏杆、螺杆等有无锈蚀、裂纹、断丝、弯曲等现象；风浪、冰盖、漂浮物等是否影响闸门正常工作和安全。

（2）启闭机检查的内容：启闭运转时是否灵活、可靠；制动、限位设备是否准确有效；备用电源及手动启闭是否可靠，电动设备、电器开关、操作系统是否正常；机械传动零部件是否有变形、锈蚀、润滑不良、磨损、怪声等异常现象，润滑等系统是否正常。

7. 其他设备检查

（1）观测设施、仪器等工作状况是否完好。

（2）通信设施是否完好、通畅，照明设施有无损坏。

（3）交通道路桥梁有无损坏和阻碍通行的地方。

(二)河道堤防工程检查

河道堤防工程检查分为经常检查、定期检查和特别检查。

1. 经常检查

由河道堤防管理单位指定专人进行。检查时，应着重检查险工、险段及工程变化情况。检查的内容主要是：堤坝和矶头有无蜇陷、走动，根石是否走失；堤身有无雨淋沟、浪窝、滑坡、裂缝、塌坑、洞穴，有无害虫、害兽的活动痕迹；堤岸有无崩坍；护岸有无影响；沿堤设施有无损坏；护堤林木有无损失等。

2. 定期检查

每年汛前、汛后、大潮前后、有凌汛任务的河道在凌汛期，应对河道堤防工程及其设施进行定期检查。主要江河重点堤段的检查，必要时可请上级主管部门派人员共同进行。汛前应着重检查岁修工程完成情况和度汛存在的问题，包括工程情况、河（溜）势变化、防汛组织、防汛物料印通信设备等，及时做好防汛准备工作。汛后和洪峰、大潮后应着重检查工程变化和损坏情况，据以拟定岁修计划。凌汛期应着重检查沿河边封、流凌和冰块封堵等情况，特别是河道卡口和弯道处更应注意有无形成冰坝的危险。

3. 特别检查

当发生特大洪水、暴雨、台风、地震、工程非常运用和发生重大事故等情况时，管理单位负责人应及时组织力量进行检查，必要时报上级主管部门及有关单位会同检查；暴雨、台风、洪峰前，着重检查防雨、防台风、防洪的准备情况。暴雨、台风、地震、洪峰过后着重检查工程有无损坏，并检查防汛器材动用、补充以及防汛队伍休整等情况。

此外，堤防工程应经常或定期进行探测，发现隐患、裂缝应及时采取措施处理。

(三)水闸工程检查

根据《水闸技术管理规程》(SL 75—2014)，水闸工程检查工作分为经常检查、定期检查、特别检查和安全鉴定。

1. 经常检查

水闸管理单位应对建筑物各部位、闸门、启闭机、机电设备、通信设施、管理范围内的河道、堤防、拦河坝和水流形态等进行经常检查观测，每月不得少于一次。当水闸遭受到不利因素影响时，对容易发生问题的部位应加强检查观察。

2. 定期检查

每年汛前、汛后、用水期前后，冰冻严重地区在冰冻期，应对水闸工程及各项设施进行定期检查。定期检查由管理单位负责组织领导，对水闸工程各部位进行全面检查，必要时请上级主管部门派人参加。汛前应着重检查岁修工程完成情况，度汛存在问题，防汛组织和防汛物料以及通信、照明设备等，及时做好防汛准备工作。汛后应着重检查工程变化和损坏情况，据以拟定岁修计划。冰冻期间，还应检查防冻措施的落实和冰凌压力对建筑物的影响等。

3. 特别检查

当水闸遭受特大洪水、暴风潮、强烈地震和重大工程事故时，管理单位应及时组织人员对工程进行全面检查。发现重大安全隐患应及时报请上级主管部门，并及时处理。

4. 安全鉴定

水闸建成后，一般在运用的前 3～5 年进行一次安全鉴定。水闸投入运用多年后，必须每隔一定时期进行一次全面的安全鉴定；当工程达到折旧年限时，亦应进行一次，对存在安全问题的单项工程和易受腐蚀损坏的结构设备，应根据情况适时进行安全鉴定，并根据成果做出检查、鉴定报告，报上级主管部门。

水闸工程检查着重是抓好经常检查和定期检查的工作。主要内容是检查各类水闸建筑物的支承墩、工作桥以及墙体系列是否变形损坏，查看岸墙、翼墙、挡土墙、胸墙、导流墙、闸墩、排架、栏杆、工作桥以及墙后填土、岸坡、堤防护坡等有无裂缝、倾斜、滑动、冲刷、渗水、风化、磨损、剥落、锈蚀等不正常现象。闸门及启闭机的检查见前述内容。

九、水雨情监测

水雨情监测主要应包括气象监测、水位监测、泥石流监测和滑坡监测。气象监测收集降雨量等气象信息，水位监测收集河道水位等资料，泥石流和滑坡监测负责监测由山洪引起的泥石流、滑坡等。

监测要突出实时性、准确性，以便能提供实时、可靠的监测资料，并及时将监测结果上报给各级防汛指挥部。监测时应将微观监测手段和宏观监测手段相结合，区域监测和单点监测相结合，并以专业监测为主，群测群防为辅。

水雨情监测设施主要包括自动雨量站、自动水位站、简易雨量站、简易水位站。雨量站监测雨量信息，水位站监测雨量和水位信息。根据洪水灾害预警的需要和各地的建站条件，考虑洪水灾害威胁区地形地貌复杂、降雨分布不均、群众居住分散、地方经济发展不均衡等实际情况，水雨情监测站可灵活选择自动站或简易站。

为扩大水雨情信息监测的覆盖面，充分发挥村组自防自救的作用，因地制宜地配置简易的雨量、水位监测设施，由乡、村、组采用直观、可行的监测方法进行水雨情信息的监测。利用本区域适用的预警方式进行信息发布，达到群测群防的目的。简易雨量站、水位站采用有雨定时监测，大到暴雨或水位上涨加密监测的工作形式，及时上报和通知下游相关村组。

(1) 简易雨量站：①因地制宜地配置简易雨量监测器，雨量监测器承雨口径为 ϕ200mm+0.6mm，在制作时可采用铁皮、塑料等材质；②简易雨量监测器安装时要有支架进行固定，应注意与建筑物、树木等障碍物的水平距离为障碍物高度的两倍，在承水器皿外标注区域内预警雨量值；③为方便监测预警，在条件允许时，可采用市场上成熟的简易声光雨量监测预警装置，按预警雨量级别自动预警。

(2) 简易水位站：①在岸边修建简易的水尺桩，水尺桩可为木桩或石柱型；②对于无条件建桩的监测站，选择离河边较近的固定建筑物或岩石上标注水位刻度；③水位监测尺的刻度以方便监测员直接读数为设置原则，并根据各监测点实际情况，标注预警水位。

第二节 汛中应对工作

一、防汛值班

防汛值班是防汛抗洪中一项最基本的工作。做好防汛值班工作，时刻掌握汛情信息，及时传递反应，是取得防汛抗洪工作胜利的先决条件。防汛值班工作责任重大，一定要落实防汛值班工作责任制，建立健全规章制度，严明防汛值班纪律。

1. 防汛指挥长值班制度

(1) 汛期主持防汛日常指挥，保持24小时与防汛值班联系。

(2) 及时召开防汛会商会，对紧急抢险及时做出决策。

(3) 及时向上级首长汇报重大事宜。

(4) 及时督促职责范围内各级行政首长执行上级决议。

2. 防汛办公室值班制度

(1) 汛期，各级防汛抗旱办公室和有防汛任务的指挥部成员单位要实行昼夜值班，值班室24小时不离人。

(2) 值班人员必须坚守岗位，忠于职守，熟悉业务，及时处理日常防汛工作中的问题。要严格执行领导带班制度，汛情紧急时，有关领导要亲自值班。

(3) 积极主动抓好情况搜集和整理，及时了解和掌握气象、水文、灾情、工险情信息，认真做好值班记录。

(4) 重要情况及时向有关领导和部门报告，做到不迟缓、不误报、不漏报，并详细登记处理结果。

(5) 值班人员应在班内处理完本班日常事务，特殊情况需要下一班继续办理时，应交代清楚，签名交接。

二、水情、雨情、工情、灾情的监视

气象、水文是防汛抗洪的耳目。及时准确的水雨情和工情、险情、灾情信息，是防汛指挥决策和组织抗洪抢险救灾的关键条件。各级防汛指挥部门要落实用水雨情监测责任体系，确保汛情信息畅通。

气象部门每天要定时向当地防汛指挥部门传递天气预报和雨情信息，定期提供中、长期天气趋势预测。遇有重要天气，要及时加密测报，根据情况紧急进行分析会商。

水文部门完善水文预报方案，做到及时、准确，安全地测报洪水，按照水文预报规定向防汛部门发布洪水预报和水情报讯。当江河洪水达到设防标准时，加密测报，每1小时测报一次。

建立严格的洪涝灾情和工程险情报告制度。洪涝灾害发生后，各级防汛部门必须在第一时间逐级迅速上报洪涝灾情和工程险情报告。同时，按照规定在灾害发生24小时内，把洪涝灾情统计简表逐级报告。

1. 气象和水雨情收集、汇报制度

(1) 及时了解并准确掌握水情、雨情。定时定点收集，做好统计分析工作。做好中短期雨情、水情预报和每天水雨情汇报。

(2) 对灾害性气象、水文信息，应加强纵、横向联系，主动通报。

(3) 发生暴雨洪水或出现其他灾害性天气，应立即收集雨情、水情和灾情并及时上报。

(4) 堤防进入警戒水位，逐日填报堤防水情表等。

2. 险情汇报、登记制度

(1) 及时做好各类水利工程的清隐查险工作，发现险情分类登记造册，逐级上报。

(2) 水利工程发生较大险情，应及时报告并迅速组织抢险。重大险情和工程事故应查明原因，并编写专题报告。

(3) 水利工程发生险情需要上级派潜水员和专家抢险时，按有关规定办理。

(4) 汛后提出险情处理意见。根据先急后缓的原则，分项列出当年急需处理的病险工程，对暂时无力解决的工程，督促当地防汛部门落实临时度汛方案和抢险措施。

3. 洪涝灾害汇报登记制度

(1) 洪涝灾害发生后，应及时汇报灾害情况，并密切注视灾情发展变化，随时上报灾情和抗灾动态。

(2) 洪涝灾害统计上报时间分为时报、月报和年报。时报在发生灾害后及时核实上报。

(3) 发生洪涝灾害时，要及时填报抗洪情况统计表、排渍情况表。

(4) 及时用电话、传真、网络、简报、专题报告、照片、录像等方式反映情况。

三、会商

在多年防汛工作实践中，各级防汛指挥机构逐渐形成了一套会商制度。进入汛期后，各地根据天气和水情变化，不定期地召集水文、气象等部门举行会商会议；进入主汛期后，如果汛情严峻，各级防汛抗旱指挥部定时召开防汛会商会议，通报汛情形势和防汛工作情况，对一些重大问题进行会商会议。

防汛会商一般采用会议方式，多数在防汛会商室召开，特别情况下也有现场会商，随着信息化的建设和发展，也采用电视电话会商、远程异地会商。

按研究内容，可分为一般汛情会商、较大汛情会商、特大（非常）汛情会商和防汛专题会商。

1. 一般汛情会商

一般汛情会商是指汛期日常会商，一般量级洪水、凌汛、海浪发生时，对堤防和防洪设施尚不造成较大威胁时，防汛工作处于正常状态，但沿堤涵闸、水管要注意关闭，洲滩人员要及时转移，防汛队员要上堤巡查，防止意外事故发生。

(1) 会商会议内容。

1) 听取气象、水文、防汛、水利业务部门关于雨水情和气象形势、工程运行情况汇报。

2) 研究讨论有关洪水调度问题。

3) 部署防汛工作和对策。

4) 研究处理其他重要问题。

(2) 参加会商的单位和人员。

1) 会议主持人：防汛抗旱指挥部副指挥长或防汛抗旱指挥部办公室主任。

2) 参加单位和人员：水行政主管部门，水文、气象部门负责人和测报人员，防汛技术专家组组员，其他有关单位和人员可另行通知。

（3）各部门需办理的事项和界定的责任。

1）水文部门：及时采集雨情、水情，做出实时水文预报；按规定及时向防汛抗旱指挥部办公室有关单位、领导送报水情日报和雨水情分析资料；并密切关注天气发展趋势和水情变化。

2）气象部门：负责监视天气形势发展趋势，及时做出实时天气预报，并报送防汛抗旱指挥部办公室；提供未来天气形势分析资料。

3）防汛抗旱指挥部办公室：负责全面了解各地抗洪抢险动态，及时掌握雨水情、险情、灾情，以及上级防汛工作指示的落实情况；保证防汛信息网络的正常运行；处理防汛日常工作的其他问题。

4）其他部门按需要界定其责任。

（4）会商结果。会商结果由会议主持人决定是否向党委、政府和有关部门与领导报告。

2. 较大汛情会商

较大汛情会商是指大量级洪水、凌汛、海浪发生时的会商，此种情况洪峰流量达河道安全泄量，洪水或海浪高达提防设计高程。部分低洼堤防受到威胁，抗洪抢险将处于紧张状态。水库等防洪工程开启运用，需加强防守，科学调度。

（1）会商会议内容。

1）听取雨水情、气象、险情、灾情和防洪工程运行情况汇报，分析未来天气趋势及雨水情变化动态。

2）研究部署辖区面上抗洪抢险工作，研究决策重点险工及应采取的紧急工程措施，指挥调度重大险情抢护的物资器材，及时组织调配抢险队伍，必要时可申请调用部队投入抗洪抢险。

3）研究决策各类水库及其他防洪工程的调度运用方案。

4）向同级政府领导和上级有关部门报告汛情和抗洪抢险情况。

5）研究处理其他有关问题。

（2）参加会商的单位和人员。

1）会议主持人：防汛抗旱指挥部指挥长或副指挥长。

2）参加单位和人员：副指挥长，调度专家，防汛人员，水文部门，水情预报专家，气象部门，气象预报专家，部分防汛抗旱指挥部成员单位，其他有关单位和人员可视汛情通知。

（3）各部门需办理的事项和界定的责任。

1）水文部门：要根据降雨实况及时做出水文预测，依据汛情，雨情和调度情况的变化做出修正预报，按规定向防汛指挥部办公室和有关单位、领导报送水文预报、水情日报、雨水情加报及雨水情分析资料。

2）气象部门：要按照防汛指挥部和有关领导的要求，及时做出短期天气预报及未来1日、3日、5日天气预报，并及时向防汛指挥部办公室和有关领导、单位提供日天气预报或时段天气预报，天气形势及实时雨情分析资料。

3）水利部门：要全面掌握，并及时提供堤防水库等防洪工程运行状况及险情，排涝及蓄洪区准备情况，并要求做好24小时值班工作，密切监视水利工程运行状况。

4）防汛指挥部办公室：要加强值班力量，做好情况综合、后勤服务等，及时组织收集水库、堤垸以及雨水情、工情、险情、灾情和各地抗洪抢险救灾情况，随时准备好汇报材料，密切监视重点防汛工程的运行情况，提供各种供水实时调度方案；做好抗洪抢险物资、器材、抗洪救灾人员等组织调配工作，发布汛情通报，及时编发防汛快讯、简报或情况综合。

5）防汛抗旱指挥部各成员单位：按照各自的职责做好本行业的防汛救灾工作，同时视汛情迅速增派人员分赴各自的防汛负责区，指导、协助当地的防汛抗洪、抢险救灾工作。

（4）会商结束。会商结果由指挥长或副指挥长决定是否向政府、党委和上级部门及领导汇报。

（5）防汛紧急会议。除召开上述常规防汛会商会议外，指挥长可视汛情决定是否召开指挥部紧急会议，防汛紧急会议由指挥长、副指挥长、技术专家和有关的防汛抗旱指挥部成员单位负责人参加，就当前抗洪抢险工作的指导思想、方针、政策、措施等问题进行研究部署。

3. 特大（非常）汛情会商

特大（非常）汛情会商是指特大（非常）洪水、凌汛、海浪发生时，洪峰流量和洪峰水位或海浪高超过现有安全泄量或保证水位情况下的会商。此时，防汛指挥部要宣布辖区内进入紧急防汛期，为确保人民生命财产安全，将灾害损失降到最低程度，要加强洪水调度，充分发挥各类防洪工程设施的作用，及时研究蓄滞洪区分洪运用和抢险救生方案。

（1）会商会议内容。

1）听取雨情、水情、气象、工情、险情、灾情等工作情况汇报，分析洪水发展趋势及未来天气变化情况。

2）研究、决策抗洪抢险中的重大问题。

3）研究抗洪抢险救灾人、物、财的调度问题。

4）研究决策有关防洪工程（如水库、蓄洪圩）拦洪和蓄洪的问题。

5）协调各部门抗洪抢险救灾行动。

6）传达贯彻上级部门和领导关于抗洪抢险的指示精神。

7）发布洪水和物资调度命令及全力以赴投入抗洪抢险动员令。

8）向党委、政府和上级部门和领导报告抗洪抢险工作。

（2）参加会商的单位和人员。

1）会议主持人：指挥长或党委、政府主要领导。

2）参加单位和人员：副指挥长、调度专家、防汛指挥部各成员、水文部门负责人、气象部门负责人、水情预报专家、气象预报专家、防汛指挥部办公室负责人，其他单位可根据需要另行通知。

（3）各部门和单位需办理的事项和界定的责任。

1）水文部门：做出洪水过程预报；进行雨情、水情和洪水特性分析，及时完成有关的分析任务；要及时了解天气变化形势，密切监视雨水情变化动态，并及时做出修正预报。

2）气象部门：负责进行时段气象预报、天气形势和天气系统分析，及时完成有关的其他气象分析任务，密切监视天气演变过程，并将有关情况及时报防汛指挥部办公室及有关领导，做好24小时值班工作。

3）水利部门：要全面掌握堤防、水库等防洪工程的运行防守情况，及时提供各类险情、分蓄洪区的准备情况，重大险情要及时报告防汛指挥部领导，并提出防洪抢险措施。

4）防汛指挥部办公室：进一步加强值班力量，负责收集综合雨情、水情、工情、险情、灾情、堤防、水库等防洪工程运行状况以抗洪状况。组织、协调各部门防洪抢险工作，及时提出抗洪抢险人员、物资器材调配方案以及采取的应急办法，提出利用水库、蓄洪垸等防洪工程的拦洪或分蓄洪的各种方案，通过宣传媒体及时发布汛情紧急通报，及时编发防汛快讯、简报或情况综合等。

5）防汛抗旱指挥部各成员单位主要负责人及时到各自的防汛责任区指导，协助当地防汛抗洪和抢险救灾工作，并组织好本单位抗洪抢险工作。

6）社会团体和其他单位要严阵以待，听候防汛指挥部的调遣。

（4）会商结果。会商结果责成有关部门组织落实，由会议主持人决定以何种方式向上级有关部门和领导报告。

4. 防汛专题会商

防汛专题会商研究防汛中突出的专题问题，具体有：

（1）工程抢险会商，重点决定抢险措施。

（2）洪水调度抢险，重点研究决定水库、蓄滞洪区的实时调度方式。

（3）避险救生会商，重点研究山洪、垮坝、垮垸时救生救灾措施。

根据所需决策的内容，汇报和讨论发言侧重不同。汛情分析重点汇报气候、水情方面；抢险措施研究，重点汇报工情和技术；洪水调度重点研究水库、洪道、蓄洪滞洪情况。

四、指挥决策

防汛抗洪指挥决策包含防汛指挥调度决策和抗洪抢险指挥决策两个方面。

1. 防汛指挥调度决策

防汛指挥调度决策主要是各级防汛指挥部门的主要领导召集防汛指挥机构各成员和技术人员会商，听取水文、气象情况和工情、险情汇报，研究汛情、险情的发展趋势，对水库防洪调度、江河干流洪水调度、分洪蓄滞洪区运用、重点防洪目标防守、洪水威胁区人员撤离等重大问题进行研究决策。

在防汛指挥调度决策中，各级指挥长负有重大责任和使命。因此，必须把握好以下几点：

（1）要正确决策。正确的决策是夺取抗洪抢险斗争胜利的基本保证。决策失误，一着不慎，全盘皆输，要做到正确决策，必须全面掌握雨情、水情、工情、险情，广泛听取专家意见，权衡利弊，顾全大局，遵循一定的行政程序，并在一定的法律约束保障下做出决策。

（2）科学调度。根据情况的变化，及时对洪水、人力、财力调度方案进行补充完善，使其更加科学、合理。

（3）果断指挥。站在全局的高度，快速反应，敢于负责，当机立断，关键时刻不要优柔寡断、举棋不定，贻误战机。

防汛指挥调度决策主要有洪水调度决策、防洪抢险队伍调度决策及防汛调度决策，其中洪水调度决策程序技术性强、决策难度大。洪水调度主要内容有水库调度和分蓄洪调度。

（1）水库调度决策步骤。

1）根据当前汛情，结合水情、天气预报，防汛指挥部办公室组织技术专家研究分析，提出有关水库的各种实时调度方案。

2）会商研究分析各方案的利弊。

3）指挥长做出决策并确定最佳调度方案。

4）签发调度命令并实施。

5）收集实施情况和调度效果，并及时根据新的雨水情况及洪水修正预报，及时修正调度方案，如有必要，再次进行会商研究，做出新的调度决策。

（2）分蓄洪调度决策步骤。

1）由技术专家组根据水情、天气预报，结合当前的汛情，经分析研究，若洪水将超过控制水位，且危及重点地区安全时，提出分蓄洪调度初步方案，并通知水文部门，进行调度方案计算。

2）水文部门根据分蓄洪调度初步方案，及时做出水文预报，反馈防汛抗旱指挥部办公室和技术专家组，技术专家组根据水文部门的预报结果，重新计算调整方案。

3）指挥长召集指挥部有关成员和防汛、气象、水文专家以及分蓄洪有关单位负责人共同会商决定分蓄洪方案。

4）将方案立即报告同级党委、政府和有关领导，同时报请上级部门批准实施。

5）在向上级报告要求运用蓄滞洪区的同时，由指挥长签发有关分蓄洪区蓄洪安置命令，由分蓄洪区所在人民政府按分蓄洪区转移、安置预案组织实施。

6）待方案批准后，防汛指挥长签发分蓄洪调度命令，由分蓄洪区所在地人民政府按命令要求组织实施。

2. 抗洪抢险指挥决策

抗洪抢险指挥决策主要是江河库坝在发生险情后，抗洪一线指挥人员为迅速控制险情发展，减轻洪水灾害损失而采取的抗洪抢险指挥决策工作。主要是针对险情特点，制定险情抢护、物资队伍调动、抢险后勤保障等总体方案。具体要做好以下几项工作：

（1）建立一个强有力的前线指挥班子。抗洪抢险工作担负着发动群众、组织社会力量、指挥决策等重大任务，而且要进行多方面的协调联系，因此要建立一个强有力的指挥机构。这个指挥机构要精干、高效，具有权威性，实行军事化工作方式。在人员组成上，要由当地政党军主要领导，并吸收业务专家组成；成员要明确分工，各负其责，重要问题要随时研究决策；做到能指挥一切，调动一切，令必行，行必果；对紧急问题要有处置权。

(2) 制定一个科学、切合实际的抢险方案。科学的抢险方案是夺取抗洪斗争胜利的前提。险情发生后，要迅速全面了解雨情、水情、工情、险情，掌握险情发生的范围、程度、险点和难点，制定出抢险方案。

(3) 紧急动员，积极抢险。抗洪抢险非常时期，要由当地人民政府下达命令，实行全社会总动员，一切工作都要服务于抢险工作。必要时要组织群众，组建抢险突击队，并调遣部队，实行军民联合奋战。

(4) 可靠的后勤保障能力。抗洪抢险是否顺利实施，能否尽快见到成效，关键是要有可靠的后勤保障。后勤保障的关键是防汛物料的及时组织到位，能够迅速投入抗洪抢险。要做好抢险人员生活保障，保持抢险人员体力。

五、汛期工程检查

汛前要对防汛工程进行全面检查，汛期更要加强防汛工程险情的巡查。两者虽然在时间上不同，但目标一致，都是围绕“以防为主”的防汛方针开展工作的。

以堤防汛期巡查为例，当江河水位超过警戒水位时，堤防可能出现险情，若不及时发现和处理，各种险情就会由小变大、由轻变重，不但增加抢险困难、耗费物料，还会导致堤防溃决。因此，巡查是防汛抢险中一项极为重要的工作，切不可掉以轻心、疏忽大意。

1. 巡查要求

(1) 巡查队员必须挑选熟悉工程情况、责任心强、工作细心、熟悉险情、有防汛抢险经验的人担任。巡查队员分基本队员和后备队员，基本队员在水情到达设防水位时上堤巡查，后备队员在水情到达警戒水位时参加巡查。巡查队员力求固定，全汛期不变。

(2) 巡堤查险任务应按堤段的重要情况分段包干配置巡查人员，统一领导，分段负责。要具体确定检查内容、路线及检查时间（或次数），要把任务落实到人。要求对一般险情及时处理，定期汇报；对重大险情，随时上报并提出意见。

(3) 巡堤查险人员要明确责任，坚守岗位，听从指挥，严格按查险制度进行巡查。穿堤建筑物和已发现的险情要专门配置巡查人员。

(4) 巡查重点、范围及内容。

1) 巡查重点：险情调查资料中所反映出来的险工、险段。

2) 巡查范围：堤身、堤（和）岸要做到“六查”，即查堤顶、查堤坝迎水坡、查堤背水坡、查堤脚、查平台及查平台外一定范围，并相互查过责任段至少 10～20m。要特别注意巡查堤背水坡脚 200m 以内水塘、洼地、排灌渠道、房屋、水井以及与坝体、堤防相接的各种交叉建筑物等，这些是容易出险又容易被忽视的地方。

3) 巡查的内容：裂缝、滑坡、跌窝、洞穴、渗水、塌岸、管涌、散浸、漏洞等，一旦发现异常情况，要及时报告。

(5) 当发生暴雨、台风、地震，堤防水位骤升（或骤降）及持续高水位或发现异常现象时，要增加巡查密度，特别是夜间巡查密度，必要时应对可能出现重大险情的部位实行昼夜连续监视。

2. 巡查方法

(1) 用眼看、耳听、手摸、鼻嗅、口尝、脚踩等常规、直觉的方法，对工程表面和异常现象进行检查。

（2）巡查路线。巡查要做到“徒步拉网式”的普查，堤上、堤下、堤身内外均要进行巡查，对堤内情况要加强侦查。每组5～7人成排前进，一人走堤外水边，乘浪边起落的时机，用脚查探破绽和防浪情况；一人走堤内脚；一人走渍水边，注意浸漏、滑脱现象及草下暗漏。如果堤脚附近没有渍水，也要在距离堤脚较远处巡查有无管涌险情。巡堤人员要时分时合，迂回巡查，不可有空白点，要不断交换情况，在风雨夜或风浪大时，堤外水边巡查人员要注意安全。

（3）巡查时所带工具。一般常用的巡查工具有：记录本——记载险情用，小红旗——作险情标志，木尺——丈量险情对某一显著目标部位的尺寸，锯木屑——当堤身浸漏时用来抛于堤外江面以发现小漩涡，手电筒或马灯、火把——便于夜间巡查照明，铁锹和通信工具等。各地区应根据具体条件和堤段最大可能发生的险情，对所带的工具有所增减。

3. 巡查的注意事项

查险是一件细致艰苦的工作，天气越恶劣（狂风、暴雨、黑夜），查险工作越要抓得紧。不仅对重点险工堤段要加倍注意，对一般堤段也决不可放松，根据各地经验，巡堤查险必须做到：“四到”“五时”“三清”“三快”。

（1）四到：

1）手到，主要是用手来探摸和检查，检查堤边签桩或堤上绳缆是否有松动拉断情况。

2）脚到，用脚查探发现险情。特别是不易发现险情的水淌地区，更要靠赤脚来试探水温及土壤松软情况。如水温很低，有侵骨感觉，就要仔细检查，可能是由冒水孔或漏洞来的水；如土壤疏松，深入内层也软如弹簧，说明不是正常的情况。堤外坡有无跌窝崩塌现象，一般也可用脚在水下探摸发现。

3）眼到，用眼看清堤面、堤坡脚有无崩挫、裂缝、散浸、管涌等现象，看清堤外水边有无浪坎、崩塌近堤水面有无漩涡等现象。

4）耳到，用耳伏地静听，探听水声。若听到水声“咕噜咕噜”，与风浪冲击堤岸的“啪啪”声不同，很可能是堤防出现了漏洞。

（2）五时：

1）黎明时，人最疲乏。

2）吃饭时，思想最松动。

3）换班时，检查容易间断。

4）黑夜时，看不清，容易忽视。

5）狂风暴雨交加时，出险不易判断。

这些时候最容易疏忽忙乱，注意力不集中，容易遗漏险情，特别是对已处理的险情和隐患，还要注意检查，必须提高警惕。

（3）三清：

1）险情查清。

2）信号记清。

3）报告说清。

（4）三快：

1）发现险情快。

2）处理快。

3）报告快。

只有做到以上几点，才能及时做到发现险情，分析原因，小险迅速处理，防止发展扩大；重大险情，应立即报告，上级能调集力量尽快抢护，避免溃决失事，造成严重灾害。

4. 巡查记录和报告

（1）巡查过程中，有异常情况时，除应详细记录时间、部位、险情和绘出草图外，必要时还应测图或摄影。

（2）现场记录必须及时整理，如有问题或异常现象，应立即进行复查，以保证记录的准确性。

（3）在检查中发现异常现象时，应及时采取应急措施，并上报主管部门。

（4）各种检查记录、报告均应整理归档，以备查考。

5. 巡查工作的制度

（1）交接班制度。汛期必须实行昼夜值班，并实行严格的交接班制度，巡查人员做好巡查记录，现场做好标记，记录中写清楚异常情况及采取措施，交接班时应交代清楚。接班的巡堤队员应提前上班，与交班人共同检查一遍，交班人应交代本班了解的情况，特别是可能出现的问题，必须交代清楚。

（2）注意事项。

1）检查、休息、交接班时间由带领检查的队（组）长统一掌握。检查进行中不得休息，规定时间内不得离开岗位。

2）检查是以人的感觉器官或辅以简单工具，对险情进行检查分析判断。夜间检查要持照明工具。

3）队（组）检查交界处，必须越界。一般重叠检查段的长度不应少于 10～20m。相邻小队碰头时应互通情报。

4）检查中发现可疑象征，应派专人进一步详细检查。探明原因，采取处理措施，并及时向上报告。

六、指挥抢险

险情，特别是主汛期的险情往往发展很快，必须贯彻“以防为主，防重于抢”的方针。平时对水工建筑物进行经常和定期的检查、观测，养护修理和除险加固，消除隐患和各种缺陷损坏。为了使抢险主动，汛前要做好思想上、组织上、物质上和工程技术方面的准备，以免出现险情时措手不及。组织上要严格建立责任制，成立各级防汛抢险机构和组织，人员要落实，责任要明确，纪律要严明。防汛抢险应备足必要的料物，可按险工情况和以往经验准备。常用的材料一定要充足并有富余，以应急需。汛期风大浪急，尤其是夜晚抢险，一定要准备好通信联络、交通工具和可靠的照明。汛前要对工程，特别是堤防及其险工段，进行必要的维修，使之达到一定的防洪标准和防御能力。如有的工程或局部段落汛前无法达到相应的要求标准，则更应具有应付险情发生的各项准备；对所有闸门、阀门事先应进行启用操作、避免失灵或临时出现故障。

堤防工程一旦在汛期出险，各级防汛指挥部门必须及时组织抢险。在抢险过程中，必须有坚强的领导，就地指挥。指挥一场防洪抢险活动，无异于指挥一场战争，要精心组织，争分夺秒。在防汛抢险的关键时刻，各级领导要按照分片包干的防汛岗位责任制，要按时到岗、到位，深入抗洪抢险第一线，现场指挥。指挥员应当做好以下几方面的工作：

(1) 熟悉当地当时雨情、水情、地情、工情（工程）、人情（抢险队伍）、物情（抢险物资）以及溃堤后淹没范围，影响大小，转移道路，避免措施。

(2) 集思广益，果断决策抢险方案。指挥者要善于观测险情，倾听当地管理和技术人员的意见，现场研究指挥措施，识别险情时抢险的首要工作。发生险情，要立即进行观察、调查和分析，做出正确的判断，随即按不同险情测定出有效的抢护方案和措施，组织力量快速排险。抢险属于一种紧急措施，所用的方法既要科学，又要实用。当几种意见不统一时，既不能主观臆断，又不能犹豫不决。以“说得有理，行之有效”为原则，及时决策，切勿延误时机。

(3) 分工负责，多方配合，打整体战。一场抢险战斗，在总指挥调度下分为：第一线为施工队（如堵洞、压管涌），这部分人员要有领导、技术人员现场指挥，要有身强力壮、勇于苦干的抢险突击队；第二线为物料运输队；第三线为通信、照明和生活安置后勤队；第四线为后备抢险人员，一旦险情在抢护中发生恶化需要大量、快速投入时，即可随时调用；第五线为后方转移组，当出现危急情况有可能溃垸、溃坝时，要及时组织群众撤离到安全地带。

(4) 组织抢险物料及时到位。按照汛前防汛物料储备分布，合理使用或临时组织力量应急调用。

(5) 特大洪水时，河槽、水库已蓄满，有超额洪水漫溢，指挥者应明确保护重点，对人口集中、影响范围大的地方堤坝要加强防守观察，抢修加固堤坝，备足抢险物料，不能因小失大（重）。

(6) 做两手准备，当大水将来临或险情已发生，一方面全力抢治，化险为夷；另一方面应视危险程度及时适度地做好可能淹没区的人员和物资转移，以防万一。

七、人员安全转移与安置

1. 安全转移

在帮助受洪水威胁区（包括可能运用的蓄滞洪区、受山洪台风灾害威胁区、受洪水威胁低洼地区等）的人员安全转移过程中，为了避免事到临头混乱无序的局面，各级应预先做好安全转移方案，本着就近、迅速、安全、有序的原则进行。先人员，后财产；先老幼病残人员，后其他人员；先转移危险区人员，后转移警戒线区人员；各部门各司其职，协调配合，确保安全转移群众。

(1) 安全转移方案。安全转移方案一般应包括以下工作内容：

1) 预警程序及信号传递方式。为让群众躲灾、避灾及时，减少洪水灾害损失，在一般情况下，应按县→乡（镇）→村→组的次序进行预警，紧急情况下按组→村→县的次序进行预警。

2) 预警、报警信号设置。预警信号为电视、电话等。各级防汛抗旱指挥部在接到雨情、水情信息后，通过县电视台及电话通知到各乡（镇），乡（镇）及时通知各村、组。报警信号一般为口哨、警报器等。如有险情出现，由各报警点和信息员发送警报信号，警报信号的设置因地而异。

3）信号发送。在4—9月汛期，县、乡（镇）、村三级必须实行24小时值班，相互之间均用电话联系。村组必须明确1～2名责任心强的信号发送责任人，在接到紧急避灾转移命令或获得严重的监测信息后，信号发送人必须立即按预定信号发布报警信号。

4）转移安置的原则和责任人。其原则是先人员，后财产；先老幼病残，后一般人员；先危险区，后警戒区。信号发送和转移责任人必须最后离开洪水灾害发生区，并有权对不服从转移命令的人员采取强制转移措施。

5）人员转移。各区居民接到转移信号后，必须在转移负责人的组织指挥下迅速按预定路线进行安全、有序转移。转移工作采取乡（镇）、村、组干部包片负责的办法，统一指挥，有序转移，安全第一。

6）安置方法、地点及人数。洪水灾害发生后，人员安置的方法应本着就近、安全的原则，采取对户接待、搭棚等多种安置方法。搭棚地点应选择在居住附近坡度较缓，没有山体崩塌、滑坡迹象的山头上。

7）转移安置纪律。洪水灾害一旦发生，转移安置必须服从指挥机构的统一安排、统一指挥，并按预先制定好的严明纪律，井然有序地进行安全转移，确保人民生命安全。

（2）部门职责。安全转移工作要求各级领导必须把它作为一项重大事件来抓。市、县（市、区、农场）、乡、村都必须成立专门的组织指挥机构，积极开展各项工作。由于安全转移工作是社会的一项系统工程，各有关部门必须各负其责，密切配合，协同作战。总的要求是：在遇到需要转移的时候，务必做到组织指挥有力，通信报警准确，转移道路通畅，安置地点落实，物资供应及时。同时，转移后的防病、治病、防火、社会治安、管理设施等都要逐项落实。各有关部门的职责是：

1）防汛部门要编制详细具体、操作性强的紧急救生和安全转移方案。摸清救生和转移的人数及贵重财物，特别是要摸清需提前转移安置的老、弱、病、残人数。按照就近转移安置的原则，合理规划安置地点（含上安全楼台、上堤、上山和提前转移到安全区、投靠亲友等），务必做到各项救生和转移措施落实到户、到人，使之家喻户晓，人人明白。

2）交通部门负责并落实转移交通工具和交通主干线的维护，确保转移主干线和通往安全楼、台及大堤、山岗的支干线等交通道路的畅通。

3）粮食、商业、供销等部门要合理布设生活物资供应网点，定点储备，保证安排好转移群众必需的物资供应。

4）卫生防疫部门要合理布设医疗网点，安排好转移群众的防病、治病工作。

5）广电、邮电、通信部门要加强广电、通信、报警设施的管理，保证广播电视、通信、报警信息畅通无阻。

6）公安部门要维护好转移交通秩序，负责防火和社会治安工作，严厉打击犯罪活动。

7）民政部门要做好救灾安置工作，使灾民早日重建家园。

2. 人员安置

人员安置必须始终坚持“以人为本”的指导思想，千方百计确保人民群众生命财产安全。面对暴雨洪水灾害，各级党委政府必须高度重视，建立严格的责任制和责任分工，有条不紊地做好人员救护。要坚持救生第一的原则，把暴雨洪水威胁区的群众转移到安全地带。对老、弱、病、残、幼等弱势群体要予以重点保护。公安部门要组织警力，对撤离区实行交通管制和治安戒严，维护灾区社会秩序。

洪泛区人员的安置主要有以下措施：

(1) 建安全围（区）。地势较高、人口居住较集中的乡镇，采用建安全围防御洪水。围（区）面积不宜过大，堤顶高程高出洪水位并有一定安全超高。迎水面特别是顶冲部位要有防风浪措施，堤顶有足够的宽度，围（区）内配备排水设施。

(2) 筑安全台。对于蓄洪概率较高的地坑，可以沿堤筑安全台，台顶建房，躲避洪灾。安全台顶面高程要高出洪水位，并有一定安全超高。

(3) 修安全楼。安全楼是蓄滞洪区内群众躲避洪灾的临时应急措施，有单户、联户和集体安全楼等多种形式。随着农村经济的发展，农民修建住房的积极性高，国家给予适当扶持，有计划地指导群众修建避水安全楼，不仅为蓄洪区蓄洪时提供人身安全保障和财产转移的场所，而且还改善了蓄滞洪区群众的居住条件。平时楼上楼下均可使用，一旦分洪时群众上楼避洪，重要生活物资和贵重物品也可往楼上转移。蓄滞洪区内的机关、学校、工厂等单位和商店、影院、医院的蓄洪设施一般选择较高地形，修建时要考虑到集体避洪安全。

(4) 邻近安全地区协助安置。预报要发生需分蓄洪的洪水时，将洪泛区人员迁移安置到相邻安全的地势较高地区，由当地政府集体安排到学校、礼堂或者插队落户。有些洪灾区淹水时间长，或者恢复居住时间长，灾民临时住棚条件差，就地安置后需再实行第二次转移到安全乡镇。

(5) 修建人员转移道路。按照防御洪水方案和洪水调度方案规定，江河洪水接近和达到分洪标准水位时，且上游仍有降雨、水位继续上涨情况下，应提前转移蓄滞洪区和低洼地区的群众。由于转移人数多，撤退转移道路是重要的工程项目。

第三节 汛后恢复工作

洪水的发生，给人民的生命财产带来严重损失，善后与重建工作成为各级政府和有关部门的头等大事，是直接关系到灾区社会稳定的大事，必须放在相当重要的位置切实抓好。政府要根据洪水危机的发生范围、强度大小、受灾程度等实际情况，迅速制定恢复计划，加大人力、物力和财力的投入，采取一系列有效措施，做好救灾救济工作，恢复人们的生产生活条件；重建基础设施和水利工程，让其重新发挥工程功能；重视心理恢复，让受灾人民尽快摆脱阴影。

一、救灾救济工作

我国实行“政府领导，部门负责，分级管理，分级负担”的救灾工作体制，救灾工作坚持“自力更生，依靠群众，生产自救，互助互济”的方针。洪水危机过后，救灾工作涉及面广，各级党委、政府须顾全大局，突出重点，统筹安排。要充分发挥社会主义制度的优越性，广泛发动群众，开展亲邻相帮、互帮互济活动，城市支援农村、机关支援基层、非灾区支援灾区，帮助灾区迅速恢复生活生产。

1. 救灾救济机构

严格实行救灾工作分级负责制，灾区要建立救灾专门班子，明确领导，确定专人负责。特别重大、重大洪水危机事件的善后与重建工作由灾害发生地地级以上市人民政府和省防汛抗旱总指挥部（以下简称“省防总”）有关成员单位负责；较大、一般洪水危机事件的善后与重建工作由县级以上人民政府参照省的相关做法进行。

2. 救灾救济内容

救灾救济部门要组织力量核查灾情，深入灾区调查研究，摸实情、报实数，统一发布灾情。

要组织、协调救灾工作，严格坚持灾民救助管理制度，解决好灾民的吃、住、医问题，保证不因灾饿死一个人，不出现成批的外流逃荒，不出现大的疫情，确保把灾民急需的物品发放到位，管理、分配救灾款物并监督检查使用情况。一是解决灾民的吃饭。按照“实物救灾、救济到户”的要求，及时发放救灾粮供应证，确保灾民最基本的口粮，同时按照灾民口粮供应资金的一定比例发放救灾款，用于购买生活必需品。二是要确保灾民有衣穿。通过救灾储备仓库和其他代储点紧急调拨，也可通过社会募捐方法解决。三是保证有房住。坚持分散安置与集中安置相结合的原则，鼓励群众投亲靠友，提倡邻里相帮，政府组织对口安置。灾民的吃饭、饮水、穿衣、住房、治病等基本生活要得到保障。要特别做好粮、油、肉、菜、粮、盐等生活必需口的供应，加强灾区市场的监督检查，坚决打击囤积居奇、哄抬物价、趁机牟取暴利的不法行为，确保市场物价的基本稳定。

鼓励利用社会资源进行救济救助，提倡和鼓励企事业单位、社会团体以及个人捐助社会救济资金和物资。统筹安排社会救济资金和捐赠资金、物资的管理发放工作。应随时向社会和媒体公布捐赠救灾资金和物资使用情况，接受社会监督。

3. 各部门的职责

民政行政主管部门负责受灾群众的生活救助，及时调配救灾款物，组织安置受灾群众，做好受灾群众临时生活安排，解决灾民的基本生活问题；核实汇总灾情，做好受灾群众倒塌房屋的恢复重建；组织赈灾募捐工作；及时掌握各地安置灾民动态；及时向同级人民政府和上级民政部门汇报相关救灾工作情况并对有关问题提出处置意见。

财政行政主管部门负责统筹安排本级救灾补助资金；会同其他部门向上一级财政部门或相关部门报告灾情，争取资金支持。

卫生行政主管部门负责组织各级医疗队到灾区救治伤病人员，组织协调医疗器械和药品的采购和调运，指导医疗卫生防疫工作；加强灾区疫情监测，防止疫情传播、蔓延；做好救灾防病宣传；按《中华人民共和国传染病防治法》及相关规定，经有权限的人民政府批准后，统一向外公布灾区疫情。

公安部门负责组织警力投入救灾工作，维护灾区社会治安，及时掌握灾区社会治安动态，视灾情采取必要的管制和其他应急措施。

农业行政主管部门负责组织部署灾后农业生产自救，指导农村调整种植结构，向灾区调运种子种苗，做好恢复农业生产工作。

水行政主管部门负责组织灾区水毁水利工程的修复和除险加固。

国土资源行政主管部门负责防御地质灾害，组织人员安全转移，加强监控，防止灾害进一步扩大。

建设、电力、交通、通信等部门负责组织相关基础设施的抢修工作，尽快恢复灾区供水、供电、交通、通信。

海洋渔业行政主管部门负责组织部署灾后渔业生产自救，做好恢复海洋与渔业生产工作。

各级新闻单位负责组织救灾工作的报道。

4. 生产自救

洪水灾害一般受灾面广、损失率高，灾民生产生活的恢复特别是当年的温饱和社会安定主要靠生产自救，有关的工作有：

(1) 要坚持“自力更生为主、国家补助为辅”的救灾工作方针，正确引导受灾群众克服等、靠、要的思想，自觉发扬自力更生、艰苦奋斗精神，积极开展生产自救。

(2) 迅速排除险情，让灾民尽快回到自己原有的家园和生产岗位，让灾民发挥自救能力。

(3) 恢复生产条件，采取调整农业产业结构等非常措施，补种有关农作物，夏季受灾应组织秋种，秋季受灾应冬种，弥补灾害给农业生产造成的损失。

(4) 用“以工代赈”的办法，组织灾民恢复水利、交通等急需设施。

(5) 积极创造条件，组织劳力从事多种经营或组织劳力输出，帮助受灾群众开展劳务增收。

(6) 总结受灾教训，重新规划灾区的基本建设，重建后新设施的抗灾能力和环境条件要高于和优于原条件。

二、卫生防疫工作

洪水过后，会带来次生灾害，包括环境污染、水源污染、食品污染、病菌滋生等。同时在抗洪抢险过程中，人们由于受到洪水的困扰，生活紧张、心情焦急、睡眠不足、饮食不规则，使人体抵抗力下降，容易感染疾病，极有可能出现疫病流行。历史上大水之后出现大疫的情况非常普遍，有时造成的人员死亡比洪水直接造成的死亡还严重。

1. 水灾后易产生的传染病

经肠道感染的传染病有：①细菌性的有痢疾、伤寒、副伤寒、霍乱、食物中毒等；②病毒性的有甲型肝炎。经皮肤感染的传染病，如钩端螺旋体病。经蚊子传播的传染病，如登革热、疟疾、乙型脑炎等。经呼吸道感染的疾病，如感冒等上呼吸道感染。

2. 防疫措施

受灾区的各级政府要高度重视防疫工作，要层层建立防疫工作行政首长负责制，明确规定由各级党政主要领导亲自抓，卫生防疫部门要把防疫工作摆在首要位置，成立防疫领导小组和办公室。洪水危机发生后，领导分层包干，率领医疗队到灾区防病治病，检查监督防疫工作。同时，积极进行灾后传染病预防控制，开展有关宣传，指导灾民做好饮用水消毒和环境清理、消毒，及时处理局部发生的传染病疫点，有效地控制传染病的发生和扩散蔓延，保证灾民的身心健康。具体措施有：

（1）加强水源管理，确保水体质量和饮用水卫生。提倡喝开水，不喝生水。自来水厂要严格对饮用水进行消毒管理，在洪水期间适当提高加氯量，确保饮用水卫生。对于井水、山水等，最好不要作为饮用水使用，如果一定要用，必须用漂白粉或漂白精片消毒。

（2）严格粪便管理。随着人民生活水平的提高，大部分市民都用上了抽水马桶。但是，部分农村还在沿用露天粪坑，在洪水期间，这些露天粪坑极易污染周边环境和水源。所以，露天粪坑一定要加盖，并用漂白粉严格消毒。另外，靠近水源的厕所要迁移，以防污染水源。对肠道传染病患者的粪便要严格消毒。

（3）加强食品卫生监督，严把食品卫生关。卫生、食品等监督部门要加强对食品卫生的监督，各饮食摊点要严格执行《中华人民共和国食品卫生法》，严禁出售不卫生的食品。对于受潮、霉变、污染的食品和淹死、死因不明的禽畜类，千万不能吃；各类瓜果一定要洗干净去皮再吃；不要生吃虾、蟹等水产品。

（4）积极开展爱国卫生运动，做好室内外环境卫生。狂风暴雨使得垃圾、粪便、动物尸体等到处都是，严重污染周边环境。洪水过后，要积极清理周边环境，做到水退到哪里，环境清理到哪里，消毒杀虫工作做到哪里，“三管”工作落实到哪里。垃圾、粪便、动物尸体等集中后要用高温堆肥法处理。对所淹房屋设备等要清除污泥，室内地面、墙壁、家具等也要洗擦和消毒。

（5）消灭“四害”。苍蝇、蟑螂、蚊子、老鼠是传播各种传染病的媒介，要认真对待，万万不可马虎。对苍蝇、蟑螂密集地要喷洒杀虫药，同时做好防蚊、灭蚊和灭鼠工作，防止“四害”传染各种疾病。

（6）加强营养和身体锻炼，做好自身防病工作。洪水期间，身体抵抗力减弱，给一些病菌带来了入侵的机会。所以，洪水过后，要注意适当补充营养，并开展锻炼，增强自身体质和抵御疾病的能力。

三、水毁基础设施恢复重建

洪水可能引发溃坝、决堤或暴雨山洪地质灾害，水淹、水冲毁生产生活设施，基础设施严重损坏，水利工程遭到破坏。受灾区各级政府要有计划地开展各项重建工作，迅速恢复基础设施的功能。

1. 急需恢复的基础设施

与生活生产密切相关的基础设施，要尽快恢复，以保证受灾地区恢复正常生活的基本需求。如：

（1）通信设施。灾害发生后，应首先恢复通信设施，设法与灾区取得联系，弄清灾区和抢险救灾的需求。

（3）交通设施。一般在溃坝灾害或山洪以后，公路被淹没或毁坏，要设法快速修复公路，使救灾人员和物资能进入。

（3）供水供电设施。供水供电管道线路被毁坏，一定要快速修复，及时供水供电，满足灾区人民的基本生活需要。

2. 水利工程恢复重建

对危及人民生命财产的水利工程，应及时组织人力抢修。对其他水利工程，灾后政府应及时制定恢复计划，下发资金维修加固。特别重大、重大洪水灾害的恢复重建工作由事发地地级以上市人民政府负责，较大、一般洪水灾害的恢复重建工作由事发地县级以上人民政府负责。

水利工程恢复重建的一般内容为：

(1) 灾情评估。对洪水灾害进行事后评估，包括影响范围、受灾人数（人员伤亡）、破坏程度、造成损失，洪灾潜在影响，可用于恢复资源（如人力、物力和财力）。做到心中有数，有的放矢，进而有针对性地提出事后恢复与重建的计划和措施。

(2) 恢复策略。对要恢复的项目确定重建方式和标准，也就是恢复的预期效果和政策。是要低水平恢复基本功能，还是重新规划超越洪水危机前的水平？例如对受破坏的水利工程重新规划设计，提出各种可能性方案（如在原址重建或重新选址，是恢复到原有设计标准还是超过原设计标准），考虑地区的发展需要，分析政府在恢复与重建工作中需要投入的人力、物力，进行经济比较论证出最优方案。并根据可利用资源情况和政府的规划，制定恢复计划的短期目标和长远目标。

(3) 行动步骤和进度安排。确定恢复步骤，明确各个管理部门在其中的职责和作用，制定具体的技术恢复方案。根据现有资源情况，制定合理的进度计划。进度计划快了，各方面管理部门难以完成任务，影响情绪，同时会造成公众对政府恢复能力的怀疑；进度计划慢了，恢复工作迟迟无法完成，同样会造成公众对政府的不信任。

3. 防汛抢险物资补充

在洪水灾害处理中，政府需要大量的物资用于应急抢险，原有的物资储备在洪水危机后可能消耗殆尽，政府要投入资金，按照规定及时补充物资。

汛后应按《防汛储备物资验收标准》(SL 297—2004) 和《防汛物资储备定额编制规程》(SL 298—2004) 补充防汛储备物资，保证其数量和质量。

四、灾后心理重建

洪灾造成的损失分为两种：一种是物质上的，另一种是心理上的。现代救灾的理念是两方面并重，而心理创伤因难以平复更受到关注。由此，一种全新的救灾方式——灾后心理干预应运而生。灾后的“危机干预”和“危机管理”系统，国外早已建立。20 世纪 60 年代，美国洛杉矶开通了世界上第一条称之为“希望线”的心理疏导热线，这是心理专家针对想自杀人士的危机干预——也是最早的个人救助。几十年来，国外在灾后心理干预上已经形成了完备的应对策略，一次灾难就是一次灾后心理干预的经典案例。所以，在灾难发生后的现场，最先出现的除了警方、政府工作人员和医务人员之外，还有大量的心理医生。

灾后心理干预又被称为心理重建，顾名思义就是心理状态重新恢复的过程。与经济损失相比，灾难对人的心理冲击是内在的，所以不为人注意。实际上，受害者和受害者家属承受的心理压力是巨大的。我国因经济发展原因，对灾后心理干预的投入较少，受灾人群的心理问题未受到社会的全面关注，但是不等于不存在这方面的问题。

在洪水灾后管理中，要充分认识到受害者心理重建的重要性，重视做好受灾群众的心理援助工作。洪水过后，相关部门应向受害者或社会公众提供心理重建服务，帮助人们从危机的阴影中尽快走出来。

1. 洪水危机心理反应

洪水灾害往往具有危害大且影响广泛等特点，极大地超出个人及团体的应付能力。因此灾难发生时，受灾群众往往因无助和无法应对而感到惶惑不安，产生心理挫折，从而引起一系列的生理心理反应，如心跳加快、血压升高、难以入睡、正常的食欲和消化变弱、冷漠、感觉迟钝、头痛背痛、胸口痛等，同时往往伴随恐惧、焦虑、烦躁不安、消沉、抑郁、自卑、记忆力下降等，有些则产生敌对、酗酒、吸烟、药物依赖等不良行为。极度悲伤的人容易进入抑郁状态，失去爱人亲友的强烈悲痛对生还者来说更是难以忍受，感到极度失落而无助，甚至产生自杀冲动和自杀行为。

(1) 幸存者。亲身经历洪水危机后，特别是生死关头，余悸犹存是相当普遍的反应。人们比较容易出现内疚及负罪感，恨自己没把家人救出来，希望死的是自己而非家人。因比亲人幸运而负罪，感觉做错了什么事，没做应该做的事来避免亲人死亡。亲人的死对自己是个极大的、严重的创伤。

(2) 罹难者家属。焦急、哀伤的情绪十分常见，当亲人获救的希望落空，愤怒、指责可能接踵而来。可能会出现麻木、失去亲人的自责，后悔没有救亲人，愤怒，对灾难造成的亲人丧失感到生气，情绪低落，不愿理人、不愿看到与自己孩子同龄的儿童，什么都不想干，觉得生活没意思、没兴趣、夜梦多。

(3) 救援人员。夜以继日投入救灾，除了体力透支之外，目睹越来越多的人员死伤惨状，错愕、挫折感、内心疲惫、甚至愤怒都可能爆发。

(4) 社会大众。间接接收到灾难信息的民众，内心蒙上阴影，忧郁情绪可能久久不散，对未来丧失希望。

(5) 儿童。当孩子们出现心理问题时，往往会伴随一些肢体动作，比如表情呆滞、浑身不自主地颤抖、失眠、吮吸手指等。

2. 心理重建阶段

灾后心理辅导有三个阶段。第一个阶段是应激阶段，涵盖了灾难发生和之后很短一些时间。这段时间里，生存是第一要务，受灾群众会进行自救、营救他人，并从灾难中尽可能抢救财产。在这一阶段，人们联合起来对抗灾难，乐观地认为会很快回到灾害之前的情况，心理问题并不明显。

第二个阶段是灾后阶段，一般是从灾后几天到几周之内。在这一阶段，各种各样的心理问题凸显出来，如果没有伴随相应的心理援助，灾民马上就会因为发现灾难的损失和重建的困难，而感到强烈的失落。只有“心理救灾”与“物质救灾”同步进行，才能达到最佳的救灾效果。

第三阶段是恢复和重建阶段，这个阶段可能需要几个月甚至几年的时间。特大地震灾害给人们心理造成的伤害往往是长期的。1996 年，唐山大地震发生 20 周年时，唐山开滦精神卫生中心曾做过一次调查，结果显示：接受调查的 1813 人中，有 402 人患有延迟性应激障碍，占 22.17%。

3. 心理重建措施

经历过洪水危机的人会有一种本能地从压力情绪中解脱出来的欲望，希望得到别人的安慰和理解。管理部门在洪水危机发生后，要及时向社会公众或受害者提供心理重建帮助。一般来说，常见的心理重建帮助有以下几个方面：

（1）各方支持。政府应能及时向受到危机冲击的人们提供应对危机的方法，减少受害者的恐惧情绪；及时告知对危机的处理情况，减轻由于危机的不确定性带来的紧张情绪；通告灾区恢复计划，减少人们对今后生活的担忧。

政府或民间组织的支持（包括物质和精神方面），如提供生活用品和生产工具、看望和慰问受灾群众等，这些能够减轻受害者的压力，缓解危机压力的影响，增加人们战胜困难的勇气和信心。

亲人、朋友和同事应认真倾听受害者的诉说，让其感觉到自己并不孤独，有许多人会和自己在一起。

（2）提供心理咨询。心理咨询是指心理学工作者或心理咨询专家应用心理学的知识、理论和技术，通过回答问题、解疑释惑、提供建议、商量讨论等方式，帮助危机当事人认识自己，缓解或消除其痛苦，增强其适应能力及面对问题与挫折的承受能力。心理咨询是解决心理压力的一种良好方式，政府应在洪水危机的受灾区开展心理咨询活动，鼓励受害者接受心理治疗。让受害者倾诉自己的危机经历，对心理反应和感受给予理解，解决心理存在的问题，提高受害者的乐观情绪和增强自信心。

（3）开展宣传教育。在受灾区大力开展宣传教育活动，介绍有关心理学的知识，提供自我心理调适的方法，可以帮助释放受害者的心理压力，增强其对危机的心理承受能力。宣传政府的有关灾后救济情况和灾区恢复情况，有利于提高人们对未来生活的信心。

（4）拟定长期心理重建计划并付诸实行。水危机管理部门应设置专业心理重建计划机构，专门从事水危机的心理重建研究，拟定危机后的长期心理重建计划。提供专项资金，进行专业心理教育和咨询工作，保证重建计划在危机后得到实施并取得成效。

总的来说，要让受害者认识到经历危机的人有心理压力是正常的：他们并不孤独，有政府、许多亲人会和他们在一起渡过难关；目前的情形是暂时的，在政府和大家的共同努力下，生活一定会恢复正常，而自己的心理也会恢复健康。

五、灾后总结

在抗洪抢险过程中，有许多成功的经验，也可能会出现一些问题。每年汛期结束后，都应及时收集，调查、总结当年的防汛情况，做好暴雨洪水调查和防汛抢险的总结工作。对发生的重大事件，要实地调查研究，掌握第一手资料，总结经验教训，为今后的防汛抢险工作积累经验。总结主要包括汛情、灾情调查，洪水调度总结，减灾效益分析。这些工作主要由各级防汛部门负责完成。

1. 汛情、受灾调查

暴雨洪水发生有很大的随机性，由于气象雨量观测站点和水文站点不可能覆盖所有暴雨洪水区域，雨洪分区和暴雨洪水特征往往难以全面掌握，汛后各级防汛指挥机构要对汛情进行调查。

汛情调查的主要目的是掌握暴雨洪水实际情况，对暴雨洪水特征进行分析总结，为防汛抗旱和水利建设积累基础资料，并进一步完善暴雨洪水监测网络。在调查中要坚持做到以下几点：

（1）要抽调水文气象部门的专家组成专门调查班子，专题开展本项工作。

（2）在调查中要通过现场勘察、走访群众、查阅资料、座谈交流等方法，搜集最真实可靠的第一手资料。

（3）要对调查的资料进行全面分析论证，核定雨情和洪水情况。

灾情调查既是为了核实灾情，也是为及时向各级政府实施生产自救和指导经济工作提供较为科学的依据。因此，必须对农作物受灾面积、成灾面积、倒塌损坏房屋以及农牧林渔、工矿企业、交通、通信、水利等基础设施毁坏等受灾情况进行实地调查，并做好调查分析。民政、水利、农业、交通、国土等部门要组织联合调查组深入基层，深入灾区一线，收集、核实受灾基本情况，各部门要在深入调查的基础上，分析成灾原因，提出防灾、减灾措施。救灾措施的调查报告，为灾区提供重建家园、水毁修复等指导性意见和建议。

2. 减灾效益评估

从广义上讲，防洪减灾效益是指当人们在一定时间（短期、长期）和空间内付出的劳力、物力、财力等综合因素所减免的洪灾损失，包括工程措施（如防洪工程）和非工程措施（如防汛指挥信息系统）的减灾效益。在水利方面，防洪属于除害，不属于兴利，与水力发电、供电、灌溉等不同，不直接创造财富，只能减免洪灾所造成的经济损失和一切不利影响。从某种程度上说，它的效益不仅仅是经济效益，还可减免人员伤亡、维护社会稳定，具有重大的社会效益。但是，防洪工程防洪效益的年际变化具有很大的随机性和不确定性，在一般年份防洪减灾经济效益较小或几乎没有效益，但遇到大洪水特别是达到设计标准洪水时则能产生巨大的效益。近年来，非工程措施在防洪中的作用越来越大，产生的减灾效益越来越明显。因此，全面、正确地估算防洪减灾效益，为决策部门提供决策依据，增加社会公众防洪意识，对促进防洪事业的发展都具有重要的现实价值和深远意义。

做好减灾效益分析是衡量防汛抗洪工作效果的一项重要工作。各级防汛部门必须形成工作制度，每年要对整个年度和有关重大防汛抗洪工作效果进行综合评价，分析总结防汛减灾效益。防汛减灾效益分析工作一般采用以下基本步骤。

（1）全面摸清灾区的基本情况。在调查前，要全面收集掌握灾区社会经济状况、防洪设施现状等有关的情况，包括：①人口、土地、企事业单位分布情况，工、农业产值等社会经济情况；②流域内河流、水系自然地理特征，雨情、水情测报和江河堤防、水库工程、蓄滞洪区和其他防洪工程设施现状；③历史上本区域洪涝灾害情况，本次洪水灾害情况；④防汛抢险指挥过程，主要防汛抢险的主要措施。

（2）洪涝灾害损失情况调查。由于洪涝灾情的范围很大，一般情况下洪涝灾害损失情况的调查采取以点推面的方法进行。

1）划分灾害调查损失标准。根据掌握的洪涝灾害情况，一般要按流域或行政区域把灾区分成若干个区域，在每个区域范围内按照特重灾、重灾、轻灾标准，选择有关的乡镇作为调查基础单位。

特重灾、重灾、轻灾标准的划分，大体上按照两个条件掌握：一是根据农作物的损失率区分，特重灾、重灾、轻灾的损失率分别为70%、50%～70%、30%～50%；二是根据淹没水深，分特重灾、重灾、轻灾的淹没水深分别为大于1.0m、0.5～1.0m、小于0.5m。有的时候还可根据淹没历时作为淹没灾害程度标准。

2）进行灾害情况调查。调查工作开始之前，要统一制定调查统计表格，以便于调查内容的一致和汇总计算工作。主要表格有：①洪灾典型乡镇农、居民家庭财产损失调查表；②洪灾典型乡镇农、林业等损失调查表；③洪灾典型乡镇工业、企业、电力损失调查表；④洪灾典型乡镇交通运输损失调查表；⑤洪灾典型乡镇公益事业损失调查表；⑥洪灾典型乡镇水利设施损失调查表；⑦洪灾典型乡镇商业损失调查表；⑧洪灾典型乡镇防汛抢险费用调查表。

3）汇总调查统计成果。对调查项目的内容进行汇总计算。汇总成典型乡镇各项损失调查成果，内容中要反映分行政区典型乡镇的灾前财产、损失情况。

根据各典型乡镇各项损失汇总表，推算不同特重灾、重灾、轻灾不同损失率灾情损失表。内容中要反映出典型乡镇特重灾、重灾、轻灾地灾前财产、损失、损失率等。

计算折算系数。根据受灾地区的灾情年度人均纯收入或人均工农业社会产值与典型乡镇的比值，对调查结果进行折算。

确定特重灾、重灾、轻灾单位面积损失值，计算出洪涝灾害损失。

（3）进行洪水还原计算和灾害损失分析。按照洪水计算的有关方法，对本次洪水进行还原计算。要做的工作主要有以下两项：

1）把本次实际洪水过程还原到某一比较年防洪工程状况下的减小洪峰流量，避免启用蓄滞洪区作用，把本次洪水还原原始状态的受灾面积，按照特重灾、重灾、轻灾单位面积损失值计算灾害损失。

2）按照不考虑洪水调度的错峰、蓄洪、滞洪等手段发挥的减小洪峰流量，避免启用蓄滞洪区等作用，把本次洪水还原原始状态的受灾面积，按照特重灾、重灾、轻灾单位面积损失值计算灾害损失。

（4）防洪效益计算。防洪减灾经济效益是指防洪体系所减免的洪涝灾害直接经济损失。2001年国家防办颁布了《防洪减灾经济效益计算方法（试行）》，已印发各地执行。

3. 防汛抗洪总结

每年汛期结束后，应及时收集、调查、总结当年防汛抗洪方面的经验、教训和发生的重大事件，组织有关人员编写防汛抗洪总结。防汛抗洪总结包括以下内容：

（1）水雨情。区域内汛期水情、雨情及特征值，与历史特征值的比较，影响汛期的主要天气系统及其典型降雨过程，主要河流湖泊的水情特征值，各类水库的水情特征值及泄洪情况。

（2）灾情、险情。区域内汛情总的灾情、险情，主要降雨过程中的灾、险情及其典型。

（3）防汛抗灾措施。从思想、组织、工程措施和非工程措施、人员、物资等方面在汛前准备、抢险救灾中的重大部署、抗灾消耗、抗灾成就。

（4）今后的防汛抗灾工作建议。针对当前防汛抗灾中暴露的突出问题、薄弱环节以及防汛抗灾的发展趋势，对今后的防汛抗灾工作提出建议。

防汛抗灾总结应根据实际情况，还要着重分析总结以下内容：

（1）汛期降雨过程，汛期主要江河、湖泊控制站点水情特征值。

（2）中小河流特大暴雨总结。

（3）重大险情抢险过程（若干）。

（4）洪水调度（水库洪水调度、江河洪水调度）过程及效益分析。

（5）洪涝灾害统计分析。

总结报告属密件，应严格控制发送范围，一般只发送防汛抗旱指挥部领导、部门成员单位以及相关的技术人员，防止任意广泛发送。

4. 表彰和处罚

对在抢险救灾中有立功表现的个人和单位给予表彰和奖励，促进今后洪水应急管理工作的有力发展。根据《中华人民共和国防汛条例》第七章规定的奖励条件，本着突出第一线的基层单位和基层干部、群众的原则，严格按照评选条件，充分发扬民主，走群众路线，采取自下而上的方法评选产生。

根据《中华人民共和国防洪法》和《中华人民共和国防汛条例》的规定，有些行为对防汛抢险工作造成了不良的影响和后果，对因失职、渎职而贻误抢险时机、阻碍防洪抢险的人员，根据情节和造成损失的严重性建议给予行政处分或移交司法机关处理。

第五章 抗旱应急管理

第一节 抗旱预防工作

一、抗旱准备

1. 思想准备

各级党政领导要对分管抗旱区域内的工作进行总体部署，并抓好宣传动员工作。要科学、准确地分析水资源状况，并适当向公众进行公告。通过有说服力的宣传，使广大干部群众充分认识抗旱减灾的现实意义和长远意义，充分认识抗旱减灾的长期性和艰巨性。当旱情发生时，要根据轻、中、重、特重旱各个受旱时段的不同情况和水资源供求矛盾，阐述做好抗旱工作的紧迫性，进一步增加干部群众对水资源短缺的忧患意识，抗旱夺丰收的责任意识，克服畏难情绪、厌倦情绪，使广大干部群众牢固树立抗旱保发展、抗灾夺丰收的思想。

2. 目标确定

根据水资源状况、受旱轻重、城乡需水量、社会发展现状等综合因素，科学合理地确定抗旱目标，是调动各方面力量团结抗旱、减少旱灾损失的重要举措。抗旱工作总的目标是：统筹考虑生活、生产、生态用水，通过水资源优化调度，保证城乡供求安全，实现抗旱规划、保增效、保增收。各级党政领导要审时度势，因地制宜，结合上级确定的抗旱要求，提出本地的具体抗旱目标。在确定抗旱的具体目标时，要实事求是，把握重点，即水资源十分紧缺的地方，重点保城镇用水、农村饮水，保口粮田；水资源缺乏的地方，以确保生活用水和主要粮产区、高效经济作物为主；水资源条件好的地方，要全力抗旱保丰收。

3. 预案制定

按章操作，规范调度，是实现水利工程最大抗旱效益的根本途径和措施。编制抗旱预案，是由被动抗旱到主动防旱的根本转变，科学的水资源配置和调度方案，其重要性等同于供水工程。凡担任防汛抗旱指挥的领导，都要重视抗旱调度方案的审定，熟悉调度方案，一旦出现影响全局的旱情，要立即进岗到位，指挥若定。在抗旱紧张时期，分管抗旱工作的领导，要坐镇会商，认真分析水源状况、供需水量。根据不同旱情，有针对性地确定调度原则、调度措施，具体负责审定水利部门提出的应急调水方案，并批准实施，务必确保实现优化调度。

4. 物资储备

确保资金、物资到位，是解决燃眉之急、做好抗旱工作的基础。关键时段、重点地区抗旱抗灾措施，要做好应急抗旱人力、财力和技术的准备，以及救灾备荒种子、救灾化肥、救灾柴油、饲草、动物防疫物资等救灾物资储备和灾后调拨调剂工作，提高防灾抗灾应变能力。同时，要加强抗旱物资设备的准备，如机械动力、电力、燃料的储备等和筹集抗旱资金。配合永久性蓄、引、提灌溉工程，抗御旱灾，使灾害对工农业生产和城乡人民生活的影响减至最低程度。负责抗旱指挥的领导，要积极筹措抗旱资金，凡国家、地方财政下拨的抗旱经费，务必按照有关规定，督促资金尽快落实到位，专款专用；凡社会捐赠的款物，要全部用于抗旱救灾，帮贫扶困，以稳定人心；凡下拨的补助汽油、柴油等抗旱物资，要分轻重缓急，分配到位，使好钢用在刀刃上。在抗旱紧张期间，分管抗旱的领导要抓好协调，具体负责重要机具设备的调配，组织架机抽水抗旱；抗旱结束之后，要督促有关部门或单位组织回收机具设备。

5. 队伍落实

针对农村实行联产承包责任制后一家一户抗御大旱能力较弱的特点，要认真抓好社会化抗旱组织体系建设。要加大抗旱服务对建设支持力度，充分发挥其抗旱服务功能，为农户排忧解难，以不断强化社会化服务体系，增强抗旱减灾能力。在抗旱紧张期间，要与人民武装部门一道，组织以民兵预备役人员为主的突击队，承担拦河筑坝、开渠疏淤、掘井引水、组织送水、抢修机具等突击攻坚任务，以支持抗旱救灾工作。

二、旱情监测

1. 旱情监测的作用

旱情监测的主要作用有以下三个方面：

（1）通过观测及时掌握各地区的旱情动态，科学合理利用水资源，指导生产，提供依据。

（2）把旱情信息及时报送上级领导和有关业务部门，以便及早采取预防和抗灾措施。

（3）通过对旱情资料的整理和分析，探寻各地旱情发生和发展规律，为制定减灾规划和实施抗旱预案提供依据。

2. 旱情监测手段

（1）降雨量监测。可以根据气象部门气象站监测的降水量对降水进行分析，统计降水低于某个数值或连续无雨的日数，或计算降水距平或距平百分率，或计算时段降水保证率等。

降雨量观测仪器有：自记雨量计和人工雨量计。自记雨量计和固态存储雨量计实时观测，人工雨量计实行四段制观测（或者另有要求观测）。

（2）土壤墒情监测。主要有三种方法：①使用取土钻、洛阳铲、铝盒等设备进行取样分析（烘干称重法）；②使用便携式测墒仪进行监测；③使用负压计、中子仪、固定测墒仪等固定测墒设备进行监测。这三种方法各有优缺点，烘干法监测精度高，投入少，但费力费时；便携式测墒仪省力省时，但精度比烘干法低，设备返修率较高；固定测墒仪监测时间短，可以实现实时监测，但投入大，维护不易。

（3）作物苗情监测。依据农业部门制定的有关国家规范规定执行。

（4）地下水埋深监测。依据水利部制定的有关国家规范执行。

（5）蓄水监测。对区域内的所有蓄水工程蓄水进行统计分析监测。

三、墒情预报

对农作物耕作层土壤水分的增长和消退程度进行预报。耕作层土壤含水量（又称墒）

反映作物在各个生长期土壤水分的供给状况，并直接关系到作物的生长与收获。因此，研究分析墒情和作物根系层的分布、变化规律，开展墒情预报，对防旱、排水、调节土壤湿度、合理利用水资源、保证农业高产稳产具有十分重要的意义。土壤含水量补给来源主要是降水量和灌溉水量，它消耗于陆面蒸发（包括土壤蒸发和植物散发）及深层渗透。年内变化规律主要决定于气候、土壤、地质因素和人类活动。不同类型土壤含水量有很大差别，而不同作物在不同生长期对水分的需求又有很大的差异，因此墒情是否适合要视作物需水量、降水量和土壤含水量是否协调而定。适墒程度表达形式有：

（1）水分平衡指标法。以生长期内实际供给作物的总水量与保证作物正常生长的总需水量的比值作为评价指标，比值接近于1，表示为供需平衡。

（2）雨量指标法。按农时划季，以超过或少于某一量级的雨量大小来反映。

（3）土壤含水量指标法。根据当地土壤、作物、气候条件实验求得。当土壤含水量小于田间持水量时，作物生长比较适宜；如小于稳定凋萎湿度，则为严重缺水。

目前常用的墒情预报方法，多从探求土壤含水量的变化规律及其与主要影响因素之间的关系，预报单站或区域未来土壤水分的增减情况，及其对作物生长的影响程度。

1. 单站墒情预报

以一个具有代表性的墒情测报站的墒情代表本地区类似条件下多处墒情的平均情况进行预报。例如，建立以单站初始土壤含水量为参数的降水量与土壤含水量增值的相关图，或用前期含水量加上降水量与后期土壤含水量建立关系曲线；分析单站各月土壤含水量消退系数与土壤含水量建立关系系数。还有分别以不同作物绘制的以降水量和月份为参数的前后期土壤含水量相关图等。对寒冷地区，还要加入气象要素（如气温、风速等），考虑土壤冻结和蒸发的影响。

2. 区域墒情预报

目前主要采用单站综合的方法，如气候区作物、土壤和地貌特征相近时，各单站土壤含水量预报关系相当接近，加以综合即可进行区域预报。也可对同一地区内单站消退系数的关系曲线进行综合。若同一分区内下垫面土壤、植被、地形、地质条件不同，单站综合法就有一定的局限性。较好的方法是按有无灌溉设施分别进行区域水量平衡计算。另外，为及时指导防旱抗旱，也可将实测或预报的各站墒情点绘等值线图，用以判别各地的适墒程度，但需结合当时当地具体条件，进行合理性分析。

四、干旱预警

干旱预警信号分两级，分别以橙色、红色表示。

1. 干旱橙色预警

（1）含义。预计未来一周综合气象干旱指数达到重旱（气象干旱为25～50年一遇），或者某一县（区）有40%以上的农作物受旱。

（2）防御指南。

1）有关部门和单位按照职责做好防御干旱的应急工作。

2）有关部门启用应急备用水源，调度辖区内一切可用水源，优先保障城乡居民生活用水和牲畜饮水。

3）压减城镇供水指标，优先经济作物灌溉用水，限制大量农业灌溉用水。

4）限制非生产性高耗水及服务业用水，限制排放工业污水。

5）气象部门适时进行人工增雨作业。

2. 干旱红色预警

（1）含义。预计未来一周综合气象干旱指数达到特旱（气象干旱为50年以上一遇），或者某一县（区）有60%以上的农作物受旱。

（2）防御指南。

1）有关部门和单位按照职责做好防御干旱的应急和救灾工作。

2）各级政府和有关部门启动远距离调水等应急供水方案，采取提外水、打深井、车载送水等多种手段，确保城乡居民生活和牲畜饮水。

3）限时或者限量供应城镇居民生活用水，缩小或者阶段性停止农业灌溉供水。

4）严禁非生产性高耗水及服务业用水，暂停排放工业污水。

5）气象部门适时加大人工增雨作业力度。

第二节 抗旱减灾工作

一、抗旱会商

根据水文、气象等部门的监测，在干旱缺水达到一定程度起，实行抗旱会商制度。抗旱会商次数随干旱缺水严重程度而增加。会商的主议内容如下：

（1）旱情及抗旱措施、旱情发展过程，当前地表水、地下水资源数量，供需矛盾，已采取的抗旱节水措施及其效果，拟进一步采取措施及存在的问题。

（2）水文、气象和农业物要素，降水偏少程度、未来降雨情况，河流径流预测，农作物长势、土壤墒情下降程度、苗情变化等，并对干旱的未来发展趋势做出预测。

（3）干旱缺水对经济和环境的影响，已采取的抗旱措施及效果，拟进一步采取的措施，存在的问题和对策。

（4）各地旱情、抗旱措施及效果，拟进一步采取的措施，解决人畜饮水问题和研究抗旱对策。

（5）城镇供水状况、节水措施和需采取应急供水措施的区域和办法。进一步的抗旱节水和向饮水困难地区应急供水的措施，提出备选方案。

二、抗旱应急响应

抗旱应急响应分为四级，下面以《广东省防汛防旱防风防冻应急预案》为例。

1. 防旱应急响应分级标准

（1）防旱Ⅰ级应急响应启动标准。当主要指标和参考指标达到以下情况的，启动防旱Ⅰ级应急响应。

主要指标：全省较大面积连续90日以上无透雨；江河主要控制站月平均来水保证率≥97%；水库的可用水量占总兴利库容的百分比≤20%；受旱面积占全省耕地面积比≥40%。

参考指标：60 日降水量距平率≤－90％；90 日降水量距平率≤－80％；土壤相对湿度≤30％。

（2）防旱Ⅱ级应急响应启动标准。当主要指标和参考指标达到以下情况的，启动防旱Ⅱ级应急响应。

主要指标：全省较大面积连续 70 日以上无透雨；江河主要控制站月平均来水保证率≥95％；水库的可用水量占总兴利库容的百分比≤25％；受旱面积占全省耕地面积比≥30％。

参考指标：60 日降水量距平率≤－75％；90 日降水量距平率≤－50％；土壤相对湿度≤40％。

（3）防旱Ⅲ级应急响应启动标准。当主要指标和参考指标达到以下情况的，启动防旱Ⅲ级应急响应。

主要指标：全省较大面积连续 50 日以上无透雨；江河主要控制站月平均来水保证率≥90％；水库的可用水量占总兴利库容的百分比≤32％；受旱面积占全省耕地面积比≥20％。

参考指标：30 日降水量距平率≤－85％；60 日降水量距平率≤－60％；90 日降水量距平率≤－30％；土壤相对湿度≤50％。

（4）防旱Ⅳ级应急响应启动标准。当主要指标和参考指标达到以下情况的，启动防旱Ⅳ级应急响应。

主要指标：全省较大面积连续 30 日以上无透雨；江河主要控制站月平均来水保证率≥85％；水库的可用水量占总兴利库容的百分比≤40％；受旱面积占全省耕地面积比≥15％。

参考指标：30 日降水量距平率≤－75％；60 日降水量距平率≤－40％；90 日降水量距平率≤－20％；土壤相对湿度≤60％。

2. 应急响应

发生干旱灾害，由省防汛抗旱总指挥部（以下简称“省防总”）组织水利（水文）、气象、国土资源、农业等部门，对灾害信息进行分析，研究是否根据本预案启动应急响应，并在 2 小时内将有关情况报告省委、省政府。

（1）Ⅰ级应急响应的指挥和协调。省防总总指挥主持会商，必要时报请省委、省政府主要领导主持会商，省防总成员和有关专家参加，分析灾情发展趋势，明确防御工作重点，视情形启动应急响应，全面部署防御应急工作。同时，省防总要做好下列工作：

1）报请省人民政府批准启动Ⅰ级应急响应，发出省政府紧急动员令，对各有关地区、各有关单位提出具体防御工作要求。

2）视情形成立前线指挥部或派出工作督导组。

3）组织协调有关专家和应急队伍参与应急救援。

4）制定并组织实施应急救援方案，协调有关地区、有关单位提供应急保障，包括协调事发地中直驻粤有关单位与地方的关系，以及调度各方应急资源等。

5）督促指导有关地区、有关单位落实防御措施，做好抢险救灾准备，维护社会稳定。

6）根据法定职责和程序做好灾情统计和新闻发布。

7）及时向国家防总和省委、省政府报告灾情和防御工作进展情况，必要时报请省人民政府向国务院报告有关情况。

8）研究并处理其他重大事项。

Ⅰ级应急响应启动后，省政府主要领导实施指挥协调，并视情形启动工作小组，成立前线指挥部。省防总各成员单位主要领导要按照职能分工指挥和协调本系统相关防御工作。事发地地级以上市履行属地管理的职责，启动由主要领导负责的应急指挥机制；事发地县级三防指挥部门总指挥在三防指挥部指挥、协调防御和抢险救灾工作。

（2）Ⅱ级应急响应的指挥和协调。省防总总指挥主持会商，省防总成员和有关专家参加，分析灾情发展趋势，明确防御工作重点，视情形启动防御方案，全面部署防御应急工作。同时，省防总要做好下列工作：

1）发出防御工作通知，对各有关地区、有关单位提出具体防御工作要求。

2）向有关地区派出工作督导组。

3）组织协调有关专家和应急队伍参与应急救援。

4）制定并组织实施应急救援方案，协调有关地区和单位提供应急保障，包括协调事发地中直驻粤有关单位与地方的关系，以及调度各方应急资源等。

5）督促指导有关地区、有关单位落实防御措施，做好抢险救灾准备，维护社会稳定。

6）做好灾情统计和新闻发布。

7）及时向国家防总和省委、省政府报告灾情和防御工作进展情况，必要时报请省人民政府向国务院报告有关情况。

8）研究并处理其他重大事项。

Ⅱ级应急响应启动后，省防总总指挥实施指挥，启动工作小组。省防总各成员单位主要领导要按照职能分工指挥和协调本系统相关防御工作。事发地各级三防指挥部总指挥在三防指挥部指挥、协调防御和抢险救灾工作。

（3）Ⅲ级应急响应的指挥和协调。省防总总指挥或副总指挥主持会商，省防总有关成员、专家参加，加强工作指导和灾情研判工作。同时，省防总要做好下列工作：

1）发出防御工作通知，对有关地区、有关单位提出具体防御工作要求。

2）必要时向有关地区派出防御工作督导组。

3）组织协调有关专家、应急队伍参与应急救援，协调有关地区和单位提供应急保障。

4）督促指导事发地三防指挥部门制定并实施应急救援方案，落实防御措施，做好抢险救灾准备，维护社会稳定。

5）做好灾情统计和新闻发布。

6）及时向国家防总和省委、省人民政府报告应急处置工作进展情况。

7）研究并处理其他重大事项。

Ⅲ级应急响应启动后，省防总领导在省三防指挥部实施指挥。省防总各成员单位负责人要按照职能分工指挥和协调本系统相关防御工作。事发地各级三防指挥部总指挥在三防指挥部指挥、协调防御和抢险救灾工作。

（4）Ⅳ级应急响应的指挥和协调。省防总领导主持会商，省防总有关成员、专家参加，加强工作指导和灾情研判工作。同时，省防总要做好下列工作：

1）发出防御工作通知，对有关地区、有关单位提出具体防御工作要求。

2）督促指导事发地三防指挥部门制定并实施应急救援方案，落实防御措施，做好抢险救灾准备，维护社会稳定。

3）协调有关地区和单位提供应急保障。

4）做好灾情统计和新闻发布。

5）及时向国家防总和省委、省政府报告应急处置工作进展情况。

6）研究并处理其他重大事项。

Ⅳ级应急响应启动后，省防总领导在省三防指挥部实施指挥。省三防办要及时掌握并向有关单位报送相关信息。省防总成员单位负责人要按照职能分工指挥和协调本系统相关防御工作。事发地各级三防指挥部负责人在三防指挥部指挥、协调防御和抢险救灾工作。

3. 现场指挥部

视灾情需要，三防工作实行现场指挥官制度，现场指挥官由省政府或省防总授权的有关负责人担任。前线指挥部设在灾害影响重灾区，内部架构和职责分工可参照省防总工作小组。

前线指挥部的主要职责是执行省委、省政府的决定和省防总的工作部署，及时向省防总报告前线的各种重要情况；配合事发地人民政府组织协调治安、交通、卫生防疫、物资等保障，维护社会稳定；迅速了解、掌握情况，分析灾害发展趋势，指导事发地人民政府研究制定处置方案并组织开展灾害防御和抢险救灾工作；协助事发地人民政府开展善后处理、灾后恢复生产、重建家园工作。

三、抗旱调度

为把有限的水资源管理好、调度好，确保在来水极端不利的情况下，水利工程供给的工业用水、城市生活用水和农业用水不发生尖锐矛盾，保证社会的安定和稳定，必须对水源工程的水量进行联合调度运用。同时，全社会应该推行定额管理限量供水，超量部分实行累进浮动加价。对水量调出地区给予一定的经济补偿。

依据2002年修订的《中华人民共和国水法》第三章第二十一条规定：开发、利用水资源应当首先满足城乡居民生活用水，并兼顾农业、工业、生态环境用水以及航运需要。在干旱和半干旱地区开发、利用水资源，应当充分考虑生态环境用水需要。第五十条规定：各地人民政府应当推行节水灌溉方式和节水技术，提高农业用水效率。第五十一条规定：工业用水应当采用先进技术、工艺和设备，增加循环用水次数，提高水的重复利用率。第五十二条规定：城市人民政府应当因地制宜采取有效措施，推广节水型生活用水器具，降低城市供水管网漏失率，提高生活用水率；加强城市污水集中处理，鼓励使用再生水提高污水再生利用率。以“先生活后生产，先节水后调水，先地表后地下，保证重点，兼顾一般”为总调水原则。

（1）地表水与地下水供求原则：先引用地表水，地表水不能满足时引用地下水。

（2）地表水与水库蓄水供求原则：先引河道天然来水，后取水库蓄水。

（3）用水与需水原则：灌溉季节，先满足灌溉用水，再向水库充水。

（4）供水顺序：先满足生活用水，再向生产供水。

抗旱水量调度内，实行水源工程管理单位负责制和责任追究制度。水源工程管理单位负责本水源工程区内的水量应急调度工作，建立相应的指挥组织，统一指挥本区内的抗旱水量调度工作。组织制定本单位的抗旱水量调度预案，并经省级防汛抗旱指挥部批准后执行。

水源管理单位的职责如下：

（1）贯彻执行有关法律、法规和政策，全面部署和做好本区的抗旱水量调度工业。

（2）组织开展宣传动员工作，保证各项调度措施落实到位。

（3）组建当地督察组织，建立督察制度，督促落实本区抗旱水量调度期的工作。

（4）负责水量调度指令的执行，确保水量调度计划的完成。

（5）强化用水监督管理，负责协调本区内各县（市、区）的用水。

四、紧急措施

旱灾之年影响社会稳定的因素很多，如因争水而械斗，因挖水挑水而摔死人，因缺粮而饿死人，偷窃抢劫、流离失所、露宿街头的现象，在过去的灾荒之年都曾发生过。因此，在大旱之年，各级人民政府必须关注民生民情，确保人民群众有水喝、有饭吃，确保不械斗、不出外逃荒，确保农村社会稳定，确保农村人畜饮水和城镇居民生活用水安全。

遇到大旱之年，一定要采取技术、经济、行政甚至法律的措施，确保农村人畜饮水和城镇居民生活用水安全。

1. 优先保证生活用水

干旱发生后，各级防汛抗旱指挥部门首先要逐个乡（镇）、村（组）落实饮水水源及备用水源方案，摸清水量、水质情况，并掌握其动态变化。当农村人畜饮水和城镇居民生活用水与工农业生产用水发生矛盾时，要无条件地优先保证生活用水。

2. 增水扩水

对水资源不足难以保证饮水的乡（镇）、村（组），要发动群众引水蓄水、筑坝拦水、架机提水、地下挖水，千方百计地增水扩水，并派技术人员指导。必要时，还应跨流域或远距离调水，发动群众挑水，组织机关、企业单位、县乡抗旱服务队运用运输机械拉水送水。

3. 节约用水

要定期发布饮水水源公告和中长期气象预报，让群众知晓缺水的严峻形势，引导群众自觉节约用水。在城镇要适当提高集中式供水的水价，制定居民生活用水和工业企业生产用水定额标准，并按照定额标准实行阶梯式水价，超计划用水累加价收费，用经济手段促使工业企业提高水的重复利用率和居民节约用水。这方面的潜力极大。

4. 限制用水

当干旱持续发展，水资源极度紧张时，在城镇要压缩企业生产用水，特别是用水量大、节约用水水平低的企业，限制甚至关闭洗浴中心、洗车、餐饮业等用水量大的消费行业用水，在农村，可以宰杀部分老弱牲畜，或转移牲畜饲养地方，进行异地饲养，对特别困难的村、组，可以有组织地迁移安置。

5. 加强水质消毒

要按照国家饮水水源地保护规定，加强饮水水源管理。在农村，严禁在饮水水源中洗衣服、淘米、放鸭、养鱼、游泳、弃倒生活废水和垃圾等；在城镇，从河流取水时，严禁在取水口上、下游 1000m 以内洗衣服或游泳，严禁向取水河流排放工业、生活污水和垃圾。

6. 寻找水源

(1) 在干枯的河床外弯最低点、沙丘的最低点处挖掘，可能寻找到地下水。可以采用冷凝法获得淡水，具体方法是地上挖一个直径 90cm 左右、深 45cm 的坑，坑内的空气和土壤迅速升温，产生蒸汽。当水蒸气达到饱和时，会在塑料布内面凝结成水滴，滴入下面的容器。在昼夜温差较大的沙漠地区，采用该方法一昼夜至少可以得到 500mL 的水。用这种方法还可以蒸馏过滤无法直接饮用的脏水。

(2) 根据动植物来寻找水源。大部分的动物都要定时饮水，食草动物不会远离水源，它们通常在清晨和黄昏到固定的地方饮水，一般只要找到它们经常路过踏出的小径，向地势较低的地方寻找，就可以发现水源。昆虫是一个很好的水源标志。尤其是蜜蜂，它们离开蜂巢不会超过 6.5km，但它们没有固定的活动时间规律。大部分种类的苍蝇活动范围都不会超过离水源 100m 的范围，如果发现苍蝇，有水的地方就在你附近。

第三节 灾后恢复工作

特别重大或重大旱灾的善后与重建工作由灾害发生地地级以上市人民政府和省防总有关成员单位负责。较大或一般旱灾的善后与重建工作主要由县级以上人民政府负责。

旱情缓解后，灾害发生地的县级以上人民政府要组织做好灾区生活供给、卫生防疫、救灾物资供应、治安管理、恢复生产等工作。

一、救灾赈灾

灾后救灾赈灾工作由灾害发生地县级以上人民政府具体实施。对特别重大和重大灾情的救灾救济工作，要在省人民政府统一领导下，由省防总、省救灾指挥部门具体部署。各有关单位要分工协作，共同做好相关工作。

救灾赈灾是一项十分重要的工作，是党和政府关心人民群众疾苦，实践中国共产党人全心全意为人民的宗旨和发挥我国社会主义制度优越性的具体体现，对于密切党群、干群关系具有十分重大的意义。各级党委和政府应该把这项工作作为一项十分重要的政治任务，切实抓好，并结合工作实践探索、总结工作经验，逐渐建立起规范、协调、高效的救灾赈灾工作机制。

救灾赈灾工作是一项复杂的社会系统工程，必须要有强有力的统一协调指挥，调动社会一切积极因素共同参与。我国确定的救灾减灾工作原则和方针是“政府统一领导，上下分级管理，部门分工负责，地方为主，中央为辅”“救灾工作分组管理，救灾资金分级负担”和“依靠群众，依靠集体，生产自救，互助互济，辅之以国家必要的救济和扶持”。

各级党委、政府要十分重视抗灾救灾工作，层层建立救灾责任制，通过生产自救、互助互济、开仓借粮、对口支援、政府救济、税收减免、政策优惠等措施，努力解决受灾群众的生活生产困难。通过调节种植结构、劳务输出、发展副业生产等措施，千方百计地增强农民抗灾自救的能力。

二、社会捐赠和救助管理

鼓励利用社会资源进行救济救助，提倡和鼓励企事业单位、社会团体以及个人捐助社会救济资金和物资。

民政部门负责统筹安排社会救济资金和捐赠资金、物资的管理发放工作，及时向社会和媒体公布捐赠救灾资金和物资使用情况，接受社会监督。

抗旱经费和抗旱物资必须专项使用，任何单位和个人不得截留、挤占、挪用和私分。

各级财政和审计部门应当加强对抗旱经费和物资管理的监督、检查和审计。

三、工程恢复

旱情缓解后，县级以上人民政府水行政主管部门应当对水利工程进行检查评估，并及时组织修复遭受干旱灾害损坏的水利工程；县级以上人民政府有关主管部门应当将遭受干旱灾害损坏的水利工程优先列入年度修复建设计划。

旱情缓解后，有关地方人民政府防汛抗旱指挥机构应当及时归还紧急抗旱期征用的物资、设备、交通运输工具等，并按照有关法律规定给予补偿。

四、保险

鼓励企事业单位、个人积极参加保险，提倡和鼓励保险公司参与减灾科研及宣传教育、扶助减灾设备物资生产与储备、减灾基础建设等工作。

发生干旱灾害后，对公众或企业购买了家庭财产险或自然灾害险等相关险种并符合理赔条件的，保险监管部门要督促有关保险机构及时按规定理赔。

五、调查分析、后果评估和总结

旱情缓解后，县级以上人民政府防汛抗旱指挥机构应当及时组织有关部门对干旱灾害影响、损失情况以及抗旱工作效果进行分析和评估；有关部门和单位应当予以配合，主动向本级人民政府防汛抗旱指挥机构报告相关情况，不得虚报、瞒报。组织有关专家和人员，总结在应急处置工作中的经验和不足，提出整改意见和措施，编写典型案例，对灾害影响和后果进行评估。

各级三防指挥部门每年要组织专家对当年干旱灾害的主要特征、成因及规律进行分析，对三防工作的各个环节进行评估，有针对性地提出抗旱工程规划、建设和管理建议，进一步做好抗旱工作。

第六章　常见险情处理技术

第一节　漫　溢　抢　护

实际洪水位超过现有堤顶高程，或风浪翻过堤顶，洪水漫堤进入堤内即为漫溢。通常土堤是不允许堤身过水的。一旦发生漫溢的重大险情，很快就会引起堤防的溃决。因此，在汛期应采取紧急措施防止漫溢的发生。

一、产生原因

（1）实际发生的洪水超过了水库、河道堤防的设计标准。设计标准一般是准确且具权威性的，但也可能因为水文资料不够、代表性不足或由于认识上的原因，使设计标准定得偏低，形成漫溢的可能。这种超标准洪水的发生属非常情况。

（2）堤防本身未达到设计标准。这可能是投入不足，堤顶未达到设计高程；或施工中堤坝未达到设计高程；或因地基软弱，碾压不实，沉陷过大，使堤顶高程低于设计值。

（3）河道严重淤积、过洪断面减小并对上游产生顶托，使淤积河段及其上游河段洪水位升高。

（4）因河道上人为建筑物阻水或盲目围垦，减小了过洪断面，河滩种植增加了糙率，影响了泄洪能力，洪水位增高。

（5）河势的变化、潮汐顶托以及地震引起水位增高。

二、险情判别

对已达防洪标准的堤防，当水位已接近或超过设计水位时，以及对尚未达到防洪标准的堤防，当水位已接近堤顶，仅留有安全超高富余时，应运用一切手段，适时收集水文、气象信息，进行水文预报和气象预报，分析判断更大洪水到来的可能性以及水位可能上涨的程度。为防止洪水可能的漫溢溃决，应根据准确的预报和河道的实际情况，在更大洪峰到来之前抓紧时机，尽全力在堤顶临水侧部位抢筑子堤。一般根据上游水文站的水文预报，通过洪水演进计算的洪水位准确度较高。没有水文站的流域，可通过上游雨量站网的降雨资料，进行产汇流计算和洪水演进计算，做出洪峰和汇流时间的预报。目前气象预报已具有相当高的准确程度，能够估计洪水发展的趋势，从宏观上提供了加筑子堤的决策依据。

大江大河平原地区行洪需历经一定时段，这为决策和抢筑子堤提供了宝贵的时间，而山区性河流汇流时间就短得多，决策和抢护更为困难。

三、抢护方法

通过对气象、水情、河道堤防的综合分析，对有可能发生漫溢的堤段，其抢护的有效措施是：抓紧洪水到来之前的宝贵时间，在堤顶加筑子堤。首先要因地制宜，迅速明确抢筑子堤的形式、取土地点以及施工线路等，组织人力、物料、机具，全线不留缺口，完成子堤的抢筑，并加强工程检查监督，确保子堤的施工质量，使其能承受水压，抵御洪水的浸泡和冲刷。子堤顶高要超出预测推算的最高洪水位，做到子堤不过水，但从堤身稳定考虑，子堤也不宜过高。各种子堤的外脚一般都应距大堤外肩 0.5～1.0m。抢筑各种子堤前应彻底清除地基的草皮、杂物，将表层刨毛，以利新老土层结合，并在子堤轴线开挖一条结合槽，深 20cm 左右，底宽 30cm 左右。子堤的形式大致有以下几种，可根据实际情况确定。

1. 黏性土子堤

现场附近拥有可供选用含水量适当的黏性土，可筑均质黏土子堤，不得用沼泽腐殖土或沙土填筑，要分层夯实，子堤顶宽 0.6～1.0m，边坡不应陡于 1∶1，子堰水面可用编织布防护抗冲刷，编织布下端压在子堤基下。当情况紧急，来不及从远处取土时，堤顶较宽的可就近在背水侧堤肩的浸润线以上部分堤身借土筑堰，如图 6－1 所示。这是不得已而为之，当条件许可时应抓紧修复还原。

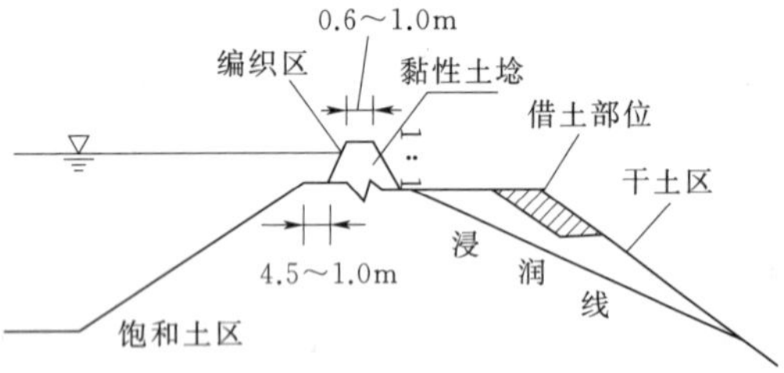

图 6－1　黏性土子堤剖面示意图

2. 土袋子堤

这是抗洪抢险中最为常用的形式，土袋临水可起防冲作用，广泛采用的是土工编织袋，麻袋和草袋亦可，汛期抢险应确保充足的袋料储备。此法便于近距离装袋和输送。为确保子堤的稳定，袋内不得装填粉细沙和稀软土，因为它们的颗粒容易被风浪冲刷吸出，宜用黏性土、砾质土装袋。装袋七八成满，最好不要用绳索扎口，可用尼龙线缝合袋口，使土袋砌筑服帖，袋口朝背水面，排列紧密，错开袋缝，上下袋应前后交错，上袋退后，呈 1∶0.3～1∶0.5 的坡度。不足 1m 高的子堤临水面叠铺一排（或一丁一顺），较高于子堤底层可酌情加宽为两排以上。土袋内侧缝隙可在铺砌时分层用沙土填密实，外露缝隙用稻草、麦秸等塞严，以免袋后土料被风浪抽吸出来。土袋的背水面修土戗，应随土袋逐层加高而分层铺土夯实，如图 6－2 所示。

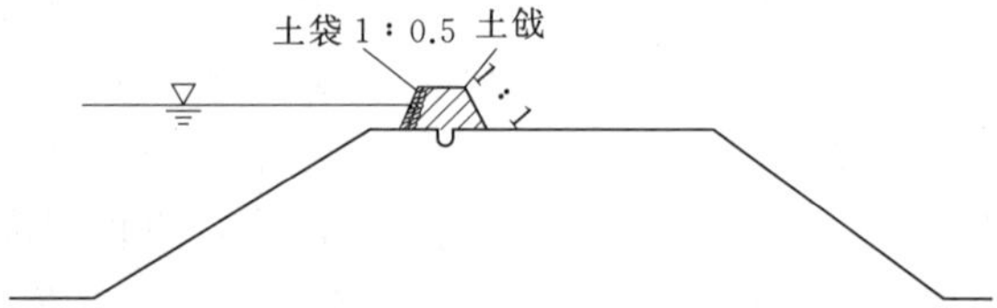

图 6－2　土袋子堤剖面图

组合装袋机可自动地将堆积于地面上的物料装入编织袋中，具有自动化、机械化程度高，省时、省力等优点，可用于堤防、河道工程抢险。大洪水情况下，抢修堤防子堤、抢堵漏洞，需大量土袋时更能发挥速度快、效率高、节省劳力、减轻劳动强度的优势。一台组合装袋机每台班装袋量相当于 125 人一天的工作量。

土袋装运机采用机械传动原理，分自助上土、装袋、爬坡运输三部分。组合装袋机由蟹爪耙装、刮板运输、自动称重等七部分组成。工作时，蟹爪耙装机构采用两只机械蟹爪交替运动，连续地将集于铲板上的物料耙入刮板运输机中，刮板运输机构将物料输送到集料仓，物料在集料仓被螺旋分料机械破碎并强制下送到编织袋，从而实现了集料、输送、称重、装袋全过程的自动化。

3. 桩柳（桩板）土子堤

当抢护堤段缺乏土袋，土质较差，可就地取材修筑桩柳（桩板）土堰。将梢径6～10cm的木桩打入堤顶，深度为桩长的1/3～1/2，桩长根据子堤高而定，桩距0.5～1.0m，起直立和固定柳把（木板或门板）的作用。柳把是用柳枝或芦苇、秸料等捆成，长2～3m，直径20cm左右，用铅丝或麻绳绑扎于桩后，自下而上紧靠木桩逐层叠捆。应先在堤面抽挖10cm的槽沟，使第一层柳把置入沟内。柳把起防风浪冲刷和挡土作用，在柳把后面散置一层厚约20cm的秸料，在其后分层铺土夯实（要求同黏性土埝）作成土戗，也可用木板（门板）、秸箔等代替柳把。

临水面单排桩柳（桩板）子堤，顶宽1.0m，背水坡1∶1，如图6-3所示。当抢护堤段堤顶较窄时，可用双排桩柳或桩板的子堤，里外两排桩的净桩距：桩柳取1.5m，桩板取1.1m。对应两排桩的桩顶用18～20号铅丝拉紧或用木杆连接牢固。两排桩内侧分别绑上柳把或散柳、木板等，中间分层填土并夯实，与堤结合部同样要开挖轴线结合槽，如图6-4所示。

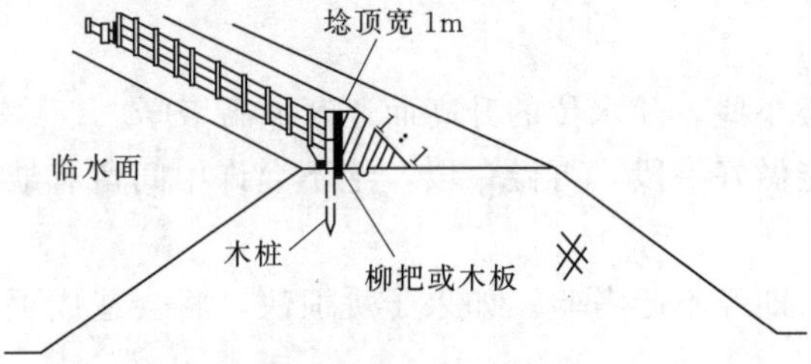

图6-3 单排桩柳（木板）子堤示意图

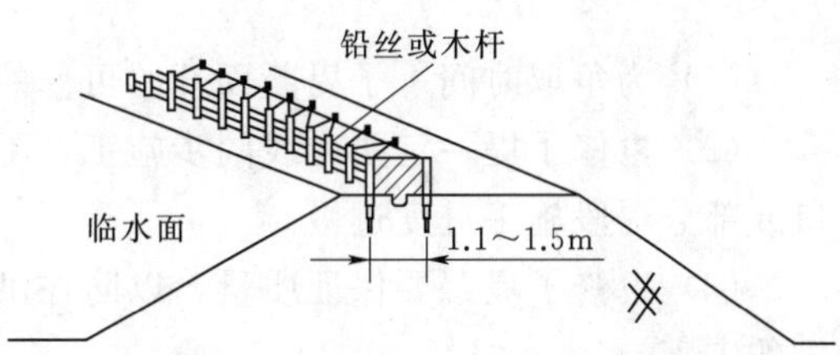

图6-4 双排桩柳（木板）子堤示意图

4. 柳石（土）枕子堤

对取土特别困难而当地柳源丰富的抢护堤段，可抢筑柳石（土）枕子堤。用16号铅丝扎制直径0.15m、长10m的柳把，铅丝扎捆间距0.3m，由若干条这样的柳把，包裹作为枕芯的石块（或土），用12号铅丝间距1m扎成直径0.5m的圆柱状柳枕。若子堤高0.5m，只需1个柳石枕置于临水面即可；若子堤高1.0m和1.5m，则应需3个和6个柳石枕叠置于临水面（成品字形），底层第一枕前缘距临水堤肩1.0m，应在该枕两端各打木桩一个，以此固定，在该枕下挖深10cm的条槽，以免滑动和渗水。枕后如同上述各种子堤，用土填筑戗体，子堤顶宽不应小于1.0m，边坡1∶1。若土质差，可适当加宽顶部放缓边坡，如图6-5所示。

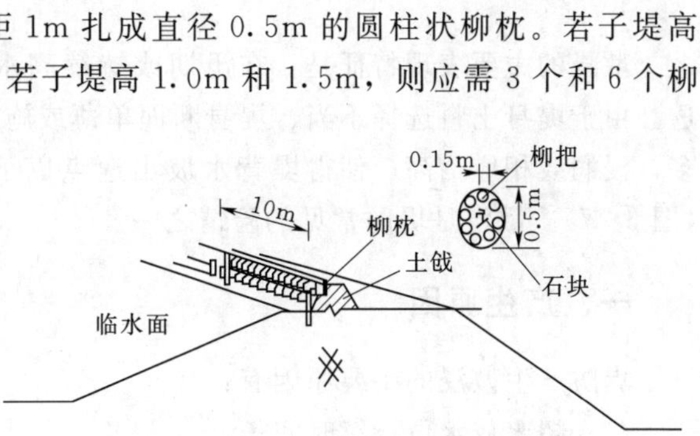

图6-5 柳石（土）枕子堤示意图

5. 防浪墙子堤

如果抢护堤段原有浆砌块石或混凝土防浪墙，可以利用它来挡水，但必须在墙后用土袋加筑后戗，防浪墙体可作为临时防渗防浪面，土袋应紧靠防浪墙后叠砌（同袋装土埝）。

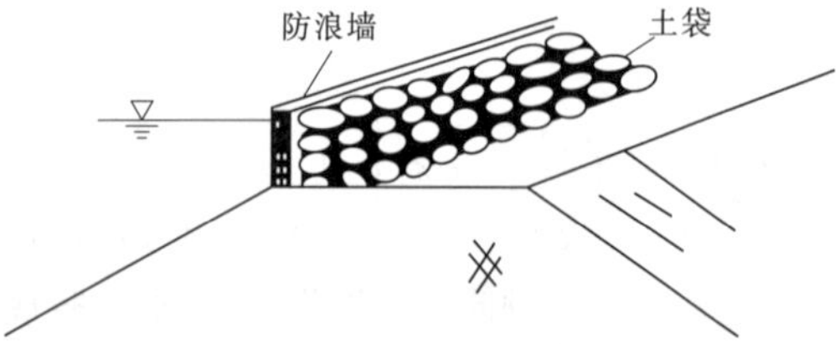

图 6-6　防浪墙子堤示意图

根据需要还可适当加高挡水，其宽度应满足加高的要求，如图 6-6 所示。

6. 挡水应急子堤

采用多种规格的组装式快速挡水子堤拦挡洪水，同时用膨胀截流袋堵塞渗漏。

充水式橡胶子堤和板坝式子堤在软硬堤基上均可挡水，具有储运方便、组装快速、重复使用、保护环境等特点。充水式橡胶子堤由若干橡胶水囊单体和防渗护坦组成，水囊充水后形成重力坝主体，包裹覆盖住水囊和原堤坝上的护坦起挡水、防渗作用。板坝式子堤是一种快速组装式子堤，由支撑框架、支撑板、挡水防渗布等组成，适用于软硬质堤基。设计挡水高度，软基上为 0.65～1m，硬基上为 1.2m。该子堤的优点是：使用寿命长，现场作业快。膨胀截流袋堵漏，该产品遇水后体积快速膨胀，重量快速增加，2～3min 膨胀达最大体积，可达原重量、体积的 80～100 倍，可广泛用于防洪抢险、堤防堵漏、漫溢抢护、堤坝加高等，具有体积小、重量轻、堵漏快、效果好的特点。

四、注意事项

(1) 为争取时间，子堤断面开始可修的矮小些，随水位的升高而逐渐加高培厚。

(2) 抢修子堤一定要全线同步施工。不能做好一段，再做一段，绝不允许中间留有缺口或部分堤段施工进度过慢。

(3) 抢修子堤，要保证质量，以防在洪水期经不起考验。如果子堤溃决，将会造成更大的灾害。

(4) 抢修完成的子堤，一般质量差，应派专人严密巡查，以加强质量监督，发现问题，及时处理。

第二节　散　浸　抢　护

散浸的主要表现特征是：在汛期或持续高水位的情况下，江湖水通过堤身向堤内渗透。由于堤身土料选择不当、堤身断面单薄或施工质量等方面的原因，渗透到堤内的水较多，浸润线相应抬高，使得堤背水坡出逸点以下土体湿润或发软，有水渗出，称为散浸（图 6-7）。散浸是堤防常见的险情之一。

一、产生原因

堤防产生散浸的主要原因有：

(1) 超警戒水位持续时间长。

(2) 堤防断面尺寸不足。

(3) 堤身填土含沙量大，临水坡又无防渗斜墙或其他有效控制渗流的工程措施。

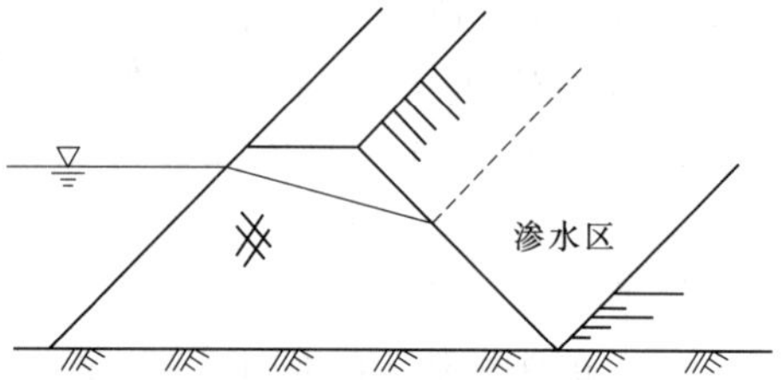

图 6-7　渗水示意图

(4) 由于历史原因，堤防多为民工挑土而筑，填土质量差，没有正规的碾压，有的填筑时含有冻土、团块和其他杂物，夯实不够等。

(5) 堤防的历年培修，使堤内有明显的新老接合面存在。

(6) 堤身隐患，如蚁穴、蛇洞、暗沟、易腐烂物、树根等。

二、险情判别

散浸险情的严重程度可以从渗水量、逸点高度和渗水的浑浊情况三个方面加以判别，目前常从以下几方面区分险情的严重程度：

(1) 堤背水坡严重渗水或渗水已开始冲刷堤坡，使渗水变浑浊，有发生流土的可能，证明险情正在恶化，必须及时进行处理，防止险情的进一步扩大。

(2) 渗水是清水，但如果出逸点较高（黏性土堤防不能高于堤坡的1/3，而对于沙性土堤防，一般不允许堤身渗水），易产生堤背水坡滑坡、漏洞及陷坑等险情，也要及时处理。

(3) 因堤防浸水时间长，在堤背水坡出现渗水。渗水出逸点位于堤脚附近，为少量清水，经观察并无发展，同时水情预报水位不再上涨或上涨不大时，可加强观察，注意险情的变化，暂不处理。

(4) 其他原因引起的渗水。通常与险情无关，如堤背水坡江水位以上出现渗水，系由雨水、积水排出造成。应当指出的是，许多渗水的恶化都与雨水的作用关系甚密，特别是填土不密实的堤段。在降雨过程中应密切注意渗水的发展，该类渗水易引起堤身凹陷，从而使一般渗水险情转化为重大险情。

三、抢护方法

散浸的抢护原则是“临水截渗，背水导渗”。“临水截渗”即在堤临水侧用透水性小的黏性土料做外帮防渗，也可用篷布、土工膜隔渗，从而减少水体入渗到堤内，达到降低堤内浸润线的目的；“背水导渗”即在堤背水坡上做一些反滤排水设施，用透水性好的材料如土工织物、砂石料或稻草、芦苇做反滤设施，让已经渗出的水，有控制地流出，不让土粒流失，增加堤坡的稳定性。需特别指出的是，背水坡反滤排水只缓解了堤坡表面土体的险情，而对于渗水引起的滑动效果不大，需要时还应做压渗固脚平台，以控制可能因堤背水坡渗水带来的脱坡险情。

1. 临水截渗

为减少堤防的渗水量，降低浸润线，达到控制渗水险情发展和稳定堤防边坡的目的，特别是渗水险情严重的堤段，如渗水出逸点高、渗出浑水、堤坡裂缝及堤身单薄等，应采用临水截渗。临水截渗一般应根据临水的深度、流速、风浪的大小、取土的难易，酌情采取以下方法：

(1) 土工膜截渗。堤临水坡相对平整且无明显障碍时，采用复合土工膜截渗是简便易行的办法。具体做法是：在铺设前，将临水坡面铺设范围内的树枝、杂物清理干净，以免损坏土工膜。土工膜顺坡长度应大于堤坡长度1m，沿堤轴线铺设宽度视堤背水坡渗水程度而定，一般超过险段两端5～10m，幅间的搭接宽度不小于50cm。每幅复合土工膜底部固定在钢管上，铺设时从堤坡顶沿坡向下滚动展开，土工膜铺设的同时，用土袋压盖，以免土工膜随水浮起，同时提高土工膜的防冲能力，如图 6-8 所示。

(2) 黏土截渗。当水流流速和水深不大且有黏性土料时，可采用临水面抛填黏土截渗。将临水面堤坡的灌木、杂物清除干净，使抛填黏土能直接与堤坡土接触。抛填可从堤肩由上向下抛，也可用船只抛填。当水深较大或流速较大时，可先在堤脚处抛填土袋构筑潜堰，再往土袋潜堰内抛黏土。黏土截渗体一般厚 3～5m，高出水面 1m，超出渗水段3～5m，如图 6-9 所示。

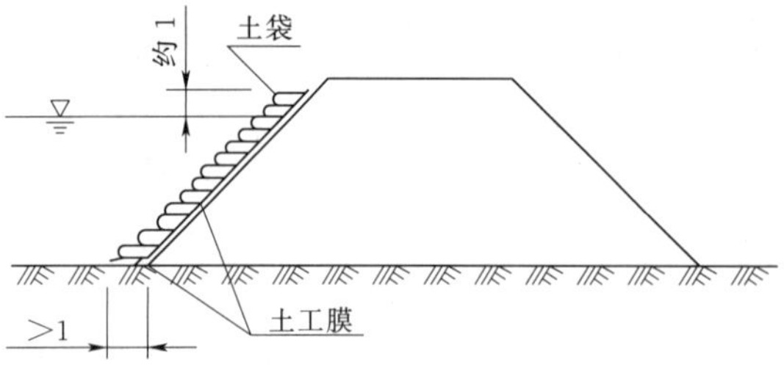

图 6-8 土工膜截渗示意图（单位：m）

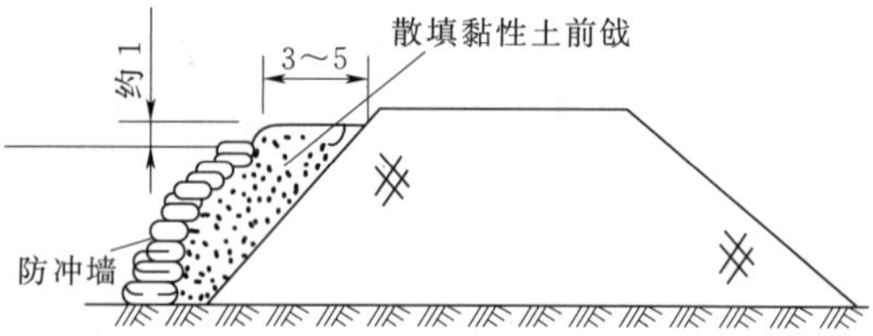

图 6-9 黏土截渗示意图（单位：m）

(3) 桩柳（土袋）前戗截渗。在临水坝脚之外，用土袋做一道隔墙，其厚度及高度以能达到填土高度截渗为度；如临水较深，也可做柳桩隔墙。在已打好的木桩上，用梢料编成篱笆挂于木桩上，并在木桩顶端用铅丝或麻绳与坝顶上的木桩拴牢。在抛土前，应清理边坡，并备足土料，然后在桩柳与坝坡肩抛筑戗体，如图 6-10 所示。

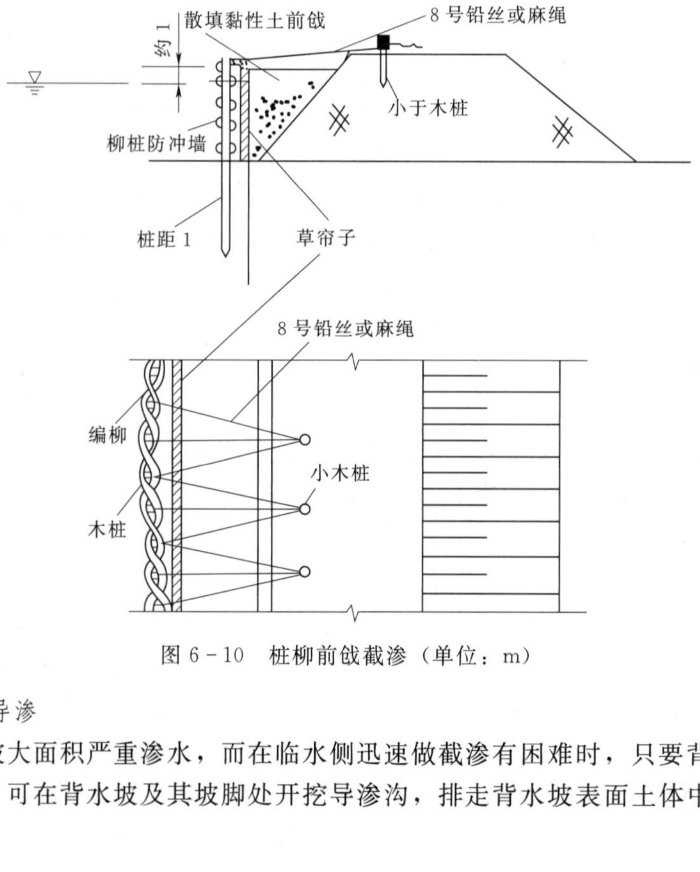

图 6-10 桩柳前戗截渗（单位：m）

2. *反滤沟导渗*

当堤背水坡大面积严重渗水，而在临水侧迅速做截渗有困难时，只要背水坡无脱坡或渗水变浑情况，可在背水坡及其坡脚处开挖导渗沟，排走背水坡表面土体中的渗水，恢复土体的抗剪强度，控制险情的发展。

根据反滤沟内所填反滤料的不同，反滤导渗沟可分为三种：①在导渗沟内铺设土工织物，其上回填一般的透水料，称为土工织物导渗沟；②在导渗沟内填砂石料，称为砂石导渗沟，1998 年汛期，湖北监利和洪湖长江干堤采用此类导渗沟效果较好；③因地制宜地选用一些梢料作为导渗沟的反滤料，称为梢料导渗沟。

(1) 导渗沟的布置形式。导渗沟的布置形式可分为纵横沟、Y 形沟和人字沟等。以人字沟的应用最为广泛，效果最好，Y 形沟次之，如图 6－11 (a) 所示。

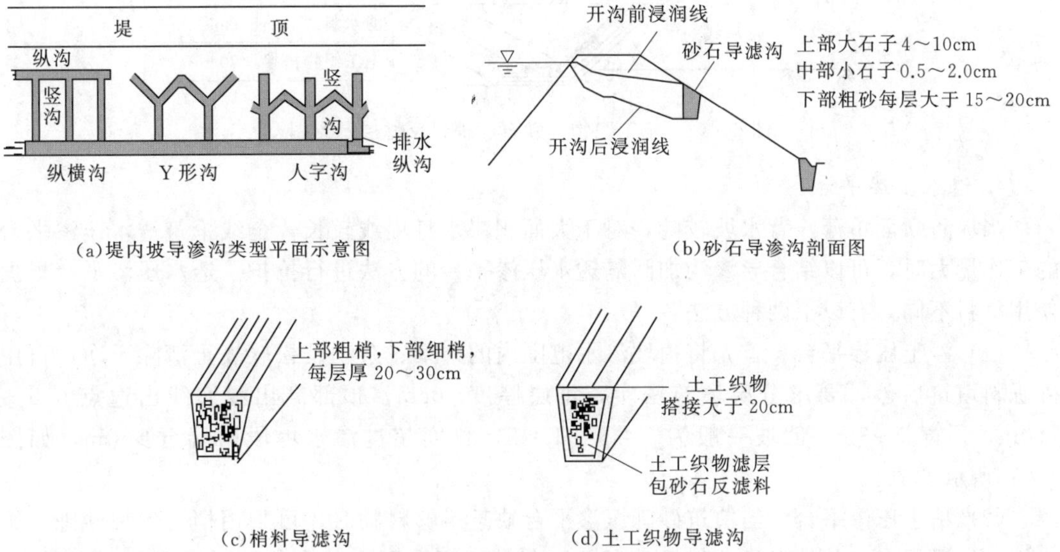

(a)堤内坡导渗沟类型平面示意图　(b)砂石导渗沟剖面图

(c)梢料导滤沟　(d)土工织物导滤沟

图 6－11　导渗沟铺填示意图

(2) 导渗沟尺寸。导渗沟的开挖深度、宽度和间距应根据渗水程度和土壤性质确定。一般情况下，开挖深度、宽度和间距分别选用 30～50cm、30～50cm 和 6～10m。导渗沟的开挖高度，一般要达到或略高于渗水出逸点位置。导渗沟的出口，以导渗沟所截得的水排出离堤脚 2～3m 外为宜，尽量减少渗水对堤脚的浸泡。

(3) 反滤料铺设。边开挖导渗沟，边回填反滤料。反滤料为砂石料时，应控制含泥量，以免影响导渗沟的排水效果；反滤料为土工织物时，土工织物应与沟的周边结合紧密，其上回填碎石等一般的透水料，土工织物搭接宽度以大于 20cm 为宜；回填滤料为稻糠、麦秸、稻草、柳枝、芦苇等，其上应压透水盖重，如图 6－11 (b)、(c)、(d) 所示。

需要指出的是，反滤导渗沟对维护堤坡表面土的稳定是有效的，而对于降低堤内浸润线和堤背水坡出逸点高程的作用相当有限。要彻底解决渗水，还要视工情、水情、雨情等确定是否采用临水截渗和压渗固脚平台。

3. 反滤层导渗

当堤身透水性较强，在高水位下浸泡时间长久，导致背水坡面渗流出逸点以下土体软化，开挖反滤导渗沟难以成形时，可在背水坡做贴坡反滤导渗。在抢护前，先将渗水边坡的杂草、杂物及松软的表土清除干净；然后，按要求铺设反滤料。根据使用反滤料的不同，贴坡反滤导渗可以分为三种：土工织物反滤层，沙石反滤层，梢料反滤层，如图 6－12 所示。

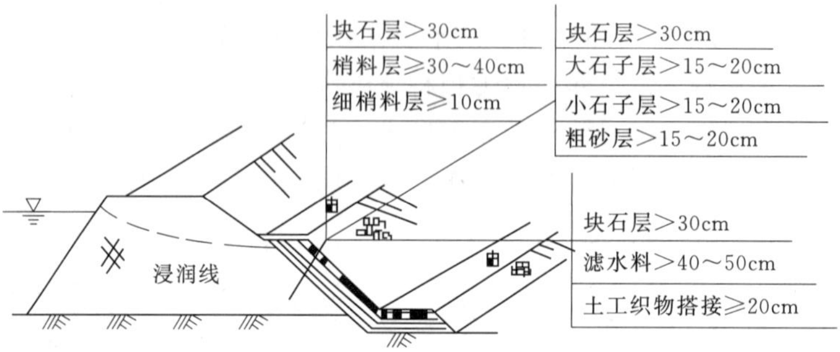

图 6－12　土工织物、砂石、梢料反滤层示意图

4. 透水压渗平台

当堤防断面单薄，背水坡较陡，对于大面积渗水且堤线较长，全线抢筑透水压渗平台的工作量大时，可以结合导渗沟加间隔透水压渗平台的方法进行抢护。透水压渗平台根据使用材料不同，有以下两种方法：

（1）沙土压渗平台。首先将边坡渗水范围内的杂草、杂物及松软表土清除干净，再用砂砾料填筑后戗，要求分层填筑密实，每层厚度 30cm，顶部高出浸润线出逸点 0.5～1.0m，顶宽 2～3m，戗坡一般为 1∶3～1∶5，长度超过渗水堤段两端至少 3m，如图 6－13所示。

（2）梢土压渗平台。当填筑砂砾压渗平台缺乏足够料物时，可采用梢土代替砂砾，筑成梢土压浸平台。其外形尺寸以及清基要求与沙土压渗平台基本相同，如图 6－14 所示，梢土压渗平台厚度为 1～1.5m。贴坡段及水平段梢料均为三层，中间层粗，上、下两层细。

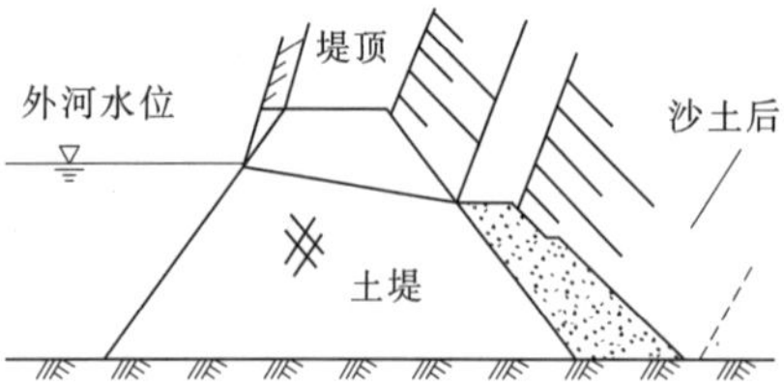

图 6－13　砂石后戗示意图

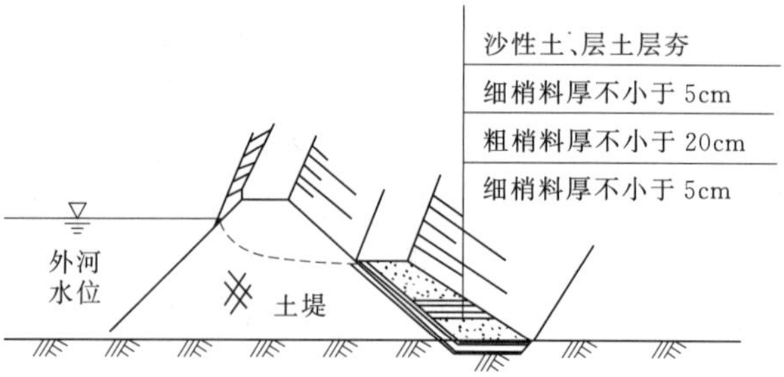

图 6－14　梢土后戗示意图

四、注意事项

（1）尽量避免人员在渗水范围内来回踩踏，以免造成施工困难和险情扩大。

（2）如堤脚附近有潭坑、池塘，应同时在堤脚处抛填块石或土袋固基，以增加稳定性。

（3）砂石导渗要严格按要求分层铺设，并减少踩踏。

(4) 化纤材料应避免和缩短直接受阳光暴晒时间，完工后在顶上覆盖一层保护层。

(5) 梢料作为导渗材料处理散浸险情，只能视作临时抢护方法，汛期过后必须撤除，重新其他加固措施。

(6) 切忌在背水侧用黏性土做压渗台。

第三节 管 涌 抢 护

在渗流水作用下土颗粒群体运动，称为“流土”。填充在骨架空隙中的细颗粒被渗水带走，称为“管涌”。通常将上述两种渗透破坏统称为管涌（又称翻沙鼓水、泡泉）。管涌险情的发展以流土最为迅速，它的过程是随着出水口涌水挟沙增多，涌水量也随之增大，逐渐形成管涌洞，如将附近堤（闸）基下沙层淘空，就会导致堤（闸）身骤然下挫，甚至酿成决堤灾害。据统计，1998年汛期，长江干堤近2/3的重大险情是管涌险情。所以发生管涌时，决不能掉以轻心，必须迅速予以处理，并进行必要的监护。

一、产生原因

管涌形成的原因是多方面的。一般来说，堤防基础为典型的二元结构，上层是相对不透水的黏性土或壤土，下面是粉沙、细沙，再下面是砂砾卵石等强透水层，并与河水相通（图6-15）。

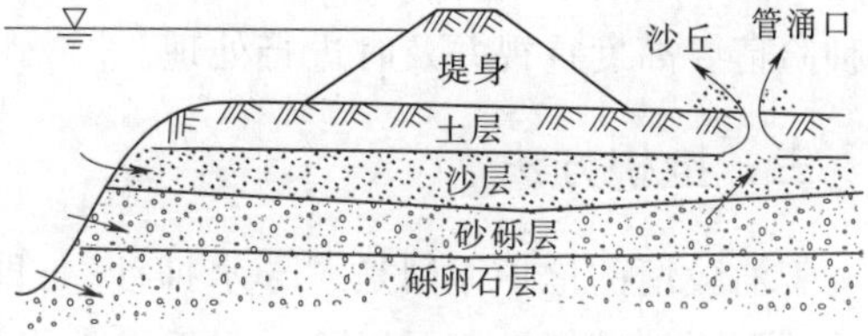

图6-15 管涌险情示意图

在汛期高水位时，由于强透水层渗透水头损失很小，堤防背水侧数百米范围内表土层底部仍承受很大的水压力。如果这股水压力冲破了黏土层，在没有反滤层保护的情况下，粉沙、细沙就会随水流出，从而发生管涌。

堤防背水侧的地面黏土层不能抵御水压力而遭到破坏的原因大致为：

(1) 防御水位提高，渗水压力增大，堤背水侧地面黏土层厚度不够。

(2) 历史上溃口段内黏土层遭受破坏，复堤后，堤背水侧留有渊潭，渊潭中黏土层较薄，常有管涌发生。

(3) 历年在堤背水侧取土加培堤防，将黏土层挖薄。

(4) 建闸后渠道挖方及水流冲刷将黏土层减薄。

(5) 由于其他原因将堤背水侧表土层挖薄。

(6) 在堤背水侧钻孔或勘探爆破孔封闭不实和一些民用井的结构不当，形成渗流通道。如1995年荆江大堤柳口堤段，距背水侧堤脚数百米的地方因钻孔封填不实，汛期发生了管涌；1998年汛期，湖北省公安县及江西省九江市均有因民用井结构不当而出现险情的。

二、险情判别

管涌险情的严重程度一般可以从以下几个方面加以判别：管涌口离堤脚的距离，涌水浑浊度及带沙情况，管涌口直径，涌水量，洞口扩展情况，涌水水头等。由于抢险的特殊性，目前都是凭有关人员的经验来判断。具体操作时，管涌险情的危害程度可从以下几方面分析判别：

（1）管涌一般发生在背水堤脚附近地面或较远的坑塘洼地。距堤脚越近，其危害性就越大。一般以距堤脚15倍水位差范围内的管涌最危险。

（2）有的管涌点距堤脚虽远一点，但是，管涌不断发展，即管涌口径不断扩大，管涌流量不断增加，带出的沙越来越粗，数量不断增加，这也属于重大险情，需要及时抢护。

（3）有的管涌发生在农田或洼地中，多是管涌群，管涌口内有沙粒跳动，似“煮稀饭”，涌出的水多为清水，险情稳定，可加强观测，暂不处理。

（4）管涌发生在坑塘中，水面会出现翻花鼓泡，水中带沙、色浑，有的由于水较深，水面只看到冒泡，可潜水探摸，是否有凉水涌出或在洞口是否形成沙环。需要特别指出的是，由于管涌险情多数发生在坑塘中，管涌初期难以发现。因此在荆江大堤加固设计中曾采用填平堤背水侧200m范围内水塘的办法，有效控制了管涌险情的发生。

（5）堤背水侧地面隆起（牛皮包、软包）、膨胀、浮动和断裂等现象也是产生管涌的前兆，只是目前水的压力不足以顶穿上覆土层。随着江水位的上涨，有可能顶穿，因而对这种险情要高度重视并及时进行处理。

三、抢护方法

管涌险情的抢护原则是“导水抑沙”，即制止涌水带沙，而留有渗水出路。这样既可使沙层不再被破坏，又可以降低附近渗水压力，使险情得以控制和稳定。

1. 反滤围井

在管涌口处用编织袋或麻袋装土抢筑围井，井内同步铺填反滤料，从而制止涌水带沙，以防险情进一步扩大，当管涌口很小时，也可用无底水桶或汽油桶做围井。这种方法适用于发生在地面的单个管涌或管涌数目虽多但比较集中的情况。对水下管涌，当水深较浅时也可以采用。

围井面积应根据地面情况、险情程度、料物储备等来确定。围井高度应以能够控制涌水带沙为原则，但也不能过高，一般不超过1.5m，以免围井附近产生新的管涌。对管涌群，可以根据管涌口的间距选择单个或多个围井进行抢护。围井与地面应紧密接触，以防造成漏水，使围井水位无法抬高。

围井内必须用透水料铺填，切忌用不透水材料。根据所用反滤料的不同，反滤围井可分为以下几种形式：

（1）砂石反滤围井。砂石反滤围井是抢护管涌险情的最常见形式之一。选用不同级配的反滤料，可用于不同土层的管涌抢险。在围井抢筑时，首先应清理围井范围内的杂物，并用编织袋或麻袋装土填筑围井。然后根据管涌程度的不同，采用不同的方式铺填反滤料：对管涌口不大、涌水量较小的情况，采用由细到粗的顺序铺填反滤料，即先装细料，再填过渡料，最后填粗料，每级滤料的厚度为20～30cm，反滤料的颗粒组成应根据被保护土的颗粒级配事先选定和储备；对管涌口直径和涌水量较大的情况，可先填较大的块石或碎石，以消杀水势，再按前述方法铺填反滤料，以免较细颗粒的反滤料被水流带走。反滤料填好后应注意观察，若发现反滤料下沉可补足滤料，若发现仍有少量浑水带出而不影响其骨架改变（即反滤料不下陷），可继续观察其发展，暂不处理或略抬高围井水位。管涌险情基本稳定后，在围井的适当高度插入排水管（塑料管、钢管和竹管），使围井水位适当降低，以免围井周围再次发生管涌或井壁倒塌。同时，必须持续不断地观察围井及周围情况的变化，及时调整排水口高度，如图 6－16 所示。

（2）土工织物反滤围井。首先对管涌口附近进行清理平整，清除尖锐杂物。管涌口用粗料（碎石、砾石）充填，以消杀涌水压力。铺土工织物前，先铺一层粗砂，粗砂层厚 30～50cm。然后选择合适的土工织物铺上。需要特别指出的是，土工织物的选择是相当重要的，并不是所有土工织物都适用。选择的方法可以将管涌口涌出的水沙放在土工织物上从上向下渗几次，看土工织物是否淤堵。若管涌带出的土为粉沙，一定要慎重选用土工织物（针刺型）；若为较粗的沙，一般的土工织物均可选用。最后要注意的是，土工织物铺设一定要形成封闭的反滤层土工织物周围并嵌入土中，土工织物之间用线缝合。然后在土工织物上面用块石等强透水材料压盖，加压顺序为先四周后中间，最终中间高、四周低，最后在管涌区四周用土袋修筑围井。围井修筑方法和井内水位控制与砂石反滤围井相同（图 6－17）。

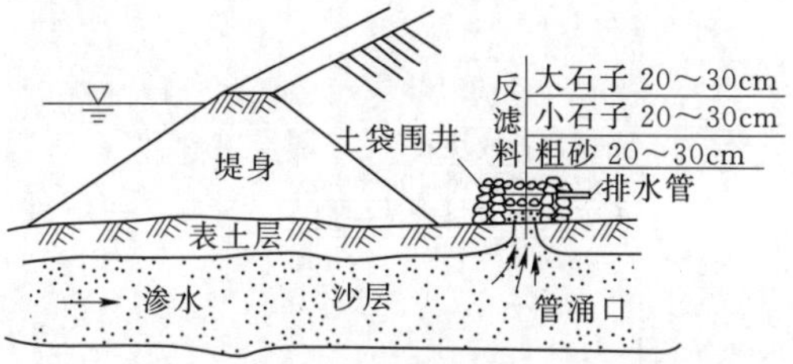

图 6－16 砂石反滤围井示意图

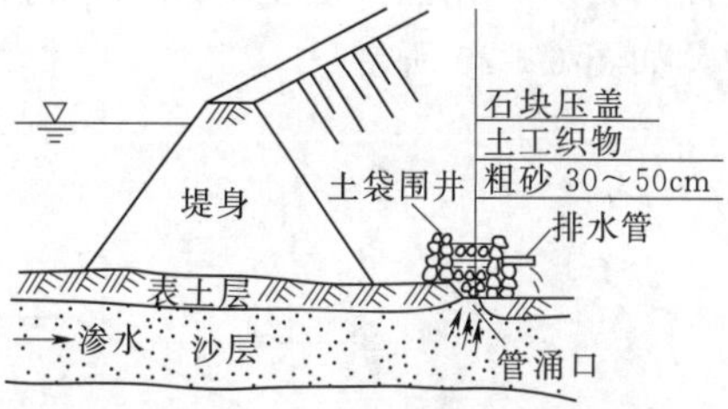

图 6－17 土工织物反滤围井示意图

（3）梢料反滤围井。梢料反滤围井用梢料代替砂石反滤料做围井，适用于砂石料缺少的地方。下层选用麦秸、稻草，铺设厚度 20～30cm；上层铺粗梢料，如柳枝、芦苇等，铺设厚度 30～40cm。梢料填好后，为防止梢料上浮，梢料上面压块石等透水材料。围井修筑方法及井内水位控制与砂石反滤围井相同（图 6－18）。

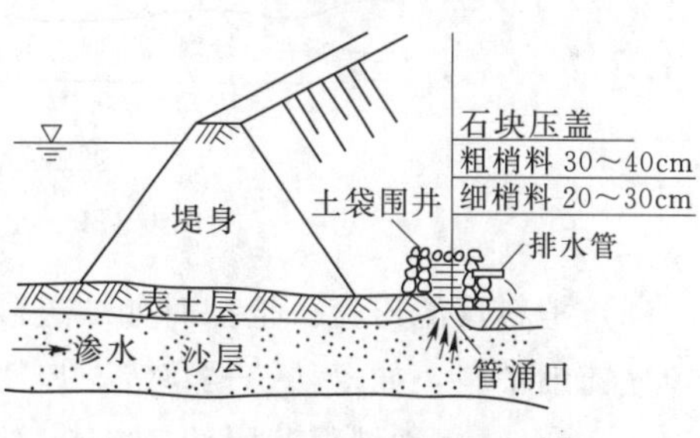

图 6－18 梢料反滤围井示意图

（4）防治管涌滤垫及装配式围井。装配式围井由围井单元体构成。单元体设有围板加筋、连接件、固定件等，围板之间的接缝处固定有防渗水材料，围板上设置控制井内水位的排水系统，围井高度可根据需要调整。在抢护管涌中，应用装配式围井蓄水，抬高管涌破坏孔口处水位，减小上下游水位差，抑制堤防管涌破坏的恶化。抢护管涌滤垫的主要作用是“透水保沙”，上层为保护层，保护土工织物，防止其变形而影响过滤特性；下层为减压层，控制水势，削减流速水头；中层为滤层，用土工织物做过滤材料，它可根据土质的不同而选用不同的土工织物，三层材料固定成一整体。抢护管涌破坏，只需将这种滤垫直接铺设到清理好的地面上即可，铺设、更换和连接十分方便迅速，可重复使用，储运方便。

2. 反滤层压盖

在堤内出现大面积管涌或管涌群时，如果料源充足，可采用反滤层压盖的方法，以降低涌水流速，制止地基泥沙流失，稳定险情。反滤层压盖必须用透水性好的材料，切忌使用不透水材料。根据所用反滤材料不同，可分为以下几种：

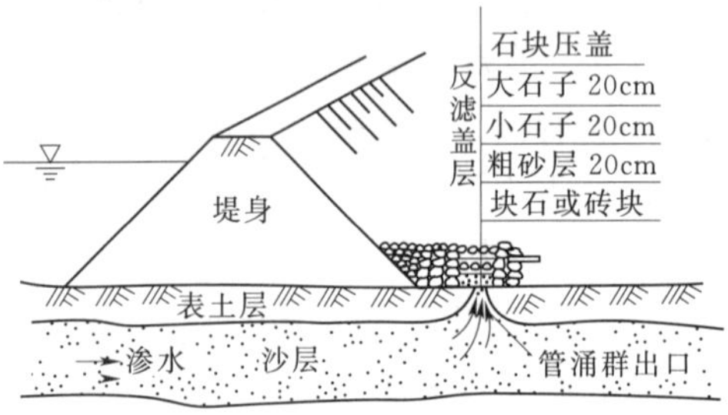

图 6-19 砂石反滤压盖示意图

（1）砂石反滤压盖。在抢筑前，先清理铺设范围内的杂物和软泥，同时对其中涌水涌沙较严重的出口用块石或砖块抛填，消杀水势；然后在已清理好的管涌范围内铺粗砂一层，厚约 20cm；再铺小石子和大石子各一层，厚度均为 20cm；最后压盖块石一层，予以保护。如图 6-19 所示。

（2）土工织物反滤压盖。土工织物反滤压盖修筑方法与砂石反滤压盖大致相同。在清理好地面杂物后，先铺一层土工织物，再铺一层厚 40～50cm 的砂石透水料，最后压盖块石保护，如图 6-20 所示。

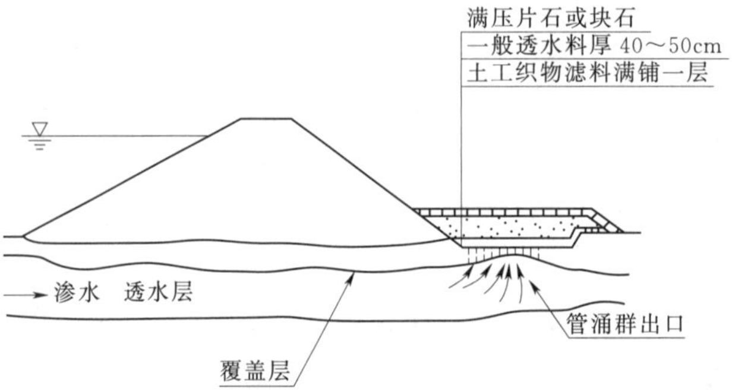

图 6-20 土工织物反滤压盖示意图

（3）梢料反滤压盖。抢护时如缺乏砂石料和土工织物，也可用梢料替代滤料。在铺筑时，先铺细梢料，如麦秸、稻草等，厚 10～15cm；再铺粗梢料，如柳枝、秫秸和芦苇等，厚 15～20cm，粗细梢料共厚约 30cm；然后再铺席片、草垫或苇席等，组成一层。视情况可只铺一层或连铺数层，然后用块石或沙袋压盖，以免梢料漂浮。梢料总的厚度以能够制止涌水携带泥沙、变浑水为清水、稳定险情为原则，如图 6-21 所示。

3. 蓄水反压

蓄水反压俗称养水盆法、无滤反压法，即通过抬高管涌区内的水位来减小堤内外的水头差，从而降低渗透压力，减小出逸水力坡降，达到制止管涌破坏和稳定管涌险情的目的，如图 6-22 所示。

该方法的适用条件是：①闸后有渠道，堤后有坑塘，利用渠道水位或坑塘水位进行蓄水反压；②覆盖层相对薄弱的老险工段，结合地形，做专门的大围堰（或称月堤）充水反

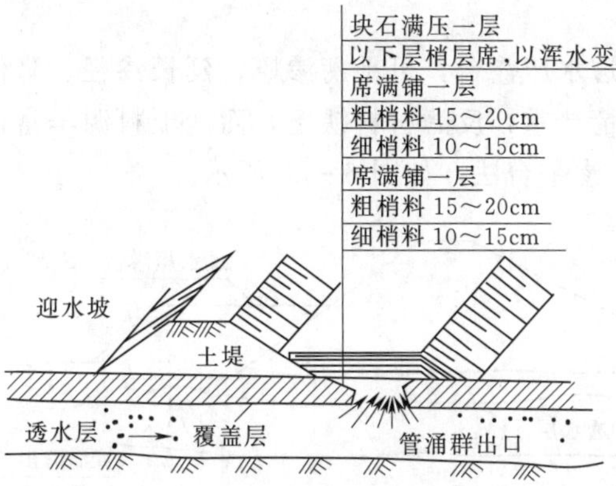

图 6-21 梢料反滤压盖示意图

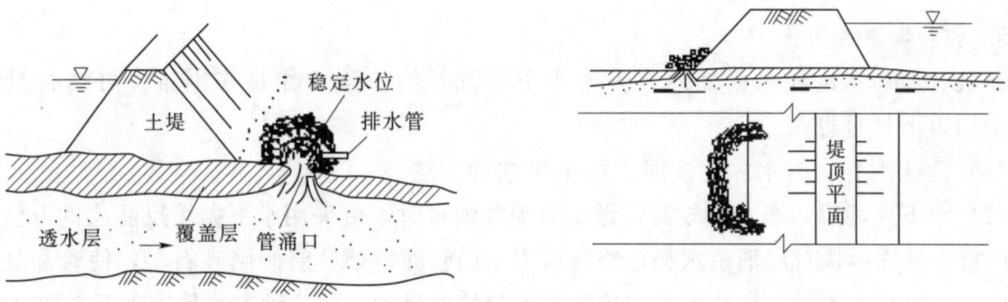

(a)无滤层围井示意图　　(b)背水月堤示意图

图 6-22 蓄水反压示意图

压；③极大的管涌区，其他反滤盖重难以见效或缺少砂石料的地方。蓄水反压的主要形式有以下几种：

(1) 渠道蓄水反压。一些穿堤建筑物后的渠道内，由于覆盖层减薄，常产生一些管涌险情，且沿渠道一定长度内发生。对这种情况，可以在发生管涌的渠道下游做隔堤，隔堤高度与两侧地面平，蓄水平压后，可有效控制管涌的发展。如安徽省的陈洲电排站、新河口站等老险闸站都采用此法除险。

(2) 塘内蓄水反压。有些管涌发生在塘中，在缺少砂石料或交通不便的情况下，可沿塘四周做围堤，抬高塘中水位以控制管涌。但应注意不要将水面抬得过高，以免周围地面出现新的管涌。

(3) 围井反压。对于大面积的管涌区和老的险工段，由于覆盖层很薄，为确保汛期安全度汛，可抢筑大的围井，并蓄水反压，控制管涌险情。如 1998 年安庆市东郊马窝段，长江上的一个老险工段，覆盖层厚度仅 0.8～3m，汛期抢筑了 5 个大的围井，有效控制了 5km 长堤段内管涌险情的发生。

采用围井反压时，由于井内水位高、压力大，围井要有一定的强度，同时应严密监视周围是否出现新管涌。切忌在围井附近取土。

(4) 其他。对于一些小的管涌，一时又缺乏反滤料，可以用小的围井围住管涌，蓄水反压，制止涌水带沙。也有的用无底水桶蓄水反压，达到稳定管涌险情的目的。

4. 透水压渗台

在堤坝背水坡坡脚抢护透水压渗台，可平衡渗压、延长渗径、降低渗透比降，从而控制险情。此法适用于管涌险情严重，反滤材料缺乏，而沙土料源丰富情况。具体做法参见“散浸险情抢护”中的透水压渗平台法，如图6-23所示。

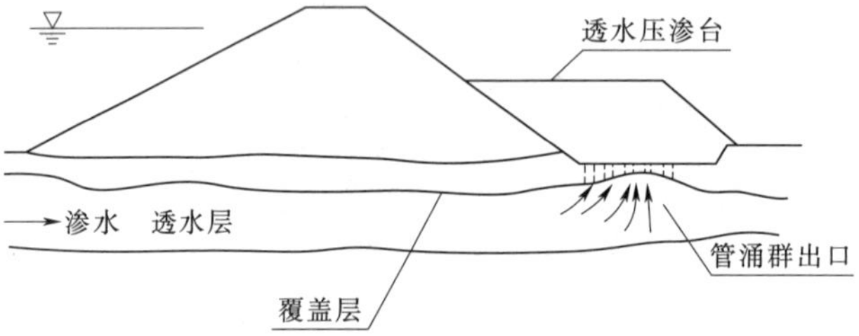

图6-23　透水压渗台示意图

5. 水下管涌险情抢护

在坑、塘、水沟和水渠处经常发生水下管涌，给抢险工作带来困难。可结合具体情况，采用以下处理办法：

（1）反滤围井。当水深较浅时，可采用这种方法。

（2）水下反滤层。当水深较深，做反滤围井困难时，可采用水下抛填反滤层的办法。如管涌严重，可先填块石以消杀水势，然后从水上向管涌口处分层倾倒砂石料，使管涌处形成反滤堆，使沙粒不再带出，从而达到控制管涌险情的目的，但这种方法使用砂石料较多。

（3）蓄水反压。当水下出现管涌群且面积较大时，可采用蓄水反压的办法控制险情，可直接向坑塘内蓄水，如果有必要，也可以在坑塘四周筑围堤蓄水。

6. “牛皮包”的处理

当地表土层在草根或其他胶结体作用下凝结成一片时，渗透水压把表土层顶起而形成的鼓包，俗称为“牛皮包”。一般可在隆起的部位铺麦秸或稻草一层，厚10～20cm，其上再铺柳枝、秫秸或芦苇一层，厚20～30cm。如厚度超过30cm，可分横竖两层铺放，然后再压土袋或块石。

四、注意事项

（1）背水坡切忌用不透水材料强填硬塞。

（2）避免使用黏性土修筑压渗台。

（3）修筑导滤设施时，要满足反滤要求。

（4）梢料处理管涌时，不能中途将土袋搬走。

（5）修筑围井时，要有足够的高度和强度。

（6）注意周围地面是否会出现新的管涌。

第四节　漏　洞　抢　护

在汛期或高水位情况下，堤坝背水坡及坡脚附近出现横贯堤坝坝体或基础的漏水孔洞，称为漏洞。漏洞是常见也是最危险的险情之一。如漏洞流出浑水，或由清变浑，或时清时浑，均表明漏洞正在迅速扩大，堤身有可能发生塌陷甚至溃决。因此，发生漏洞险情，必须慎重对待，全力以赴，迅速进行抢护。

一、产生原因

漏洞产生的原因是多方面的，一般来说有以下几方面：

(1) 由于历史原因，堤身内部遗留有屋基、墓穴、阴沟、暗道、腐朽树根等，筑堤时未清除。

(2) 堤身填土质量不好，未夯实，有土块或架空结构，在高水位作用下，土块间部分细料流失。

(3) 堤身中夹有砂层等，在高水位作用下，砂粒流失。

(4) 堤身内有白蚁、蛇、鼠、獾等动物洞穴，在汛期高水位作用下，将平时的淤塞物冲开，或因渗水沿堤身隐患、松土串联而成漏洞。

(5) 在持续高水位条件下，堤身浸泡时间长，土体变软，更易促成漏洞的生成，故有“久浸成漏”之说。

(6) 位于老口门和老险工部位的堤段、复堤结合部位处理不好或产生过贯穿裂缝处理不彻底，一旦形成集中渗漏，即有可能转化为漏洞。

发生在堤脚附近的漏洞，很容易与一些基础的管涌险情相混淆，这样是很危险的。

二、险情判别

1. 漏洞险情的特征

从上述漏洞形成的原因及过程可以知道，漏洞贯穿堤身，使洪水通过孔洞直接流向堤背水侧，如图 6-24 所示。漏洞的出口一般发生在背水坡或堤脚附近，其主要表现形式有：

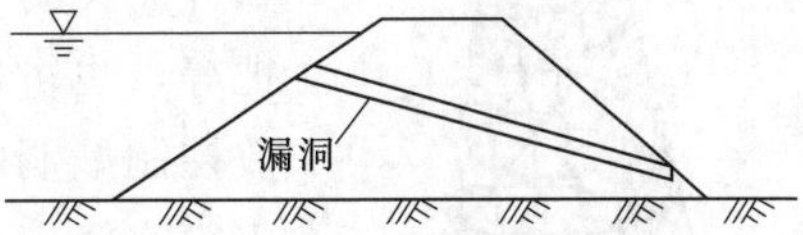

图 6-24 漏洞险情示意图

(1) 漏洞开始因漏水量小，堤土很少被冲动，所以漏水较清，称为清水漏洞。此情况的产生一般伴有渗水的发生，初期易被忽视。但只要查险仔细，就会发现漏洞周围“渗水”的水量较其他地方大，应引起特别重视。

(2) 漏洞一旦形成，出水量明显增加，且渗出的水多为浑水，因而湖北等地形象地称之为“浑水洞”。漏洞形成后，洞内形成一股集中水流，漏洞扩大迅速。由于洞内土的崩解、冲刷，出水水流时清时浑，时大时小。

(3) 漏洞险情的另一个表现特征是水深较浅时，漏洞进水口的水面上往往会形成漩涡，所以在背水侧查险发现渗水点时，应立即到临水侧查看是否有漩涡产生。

2. 漏洞险情的探测

(1) 水面观察。漏洞形成初期，进水口水面有时难以看到漩涡。可以在水面上撒一些漂浮物，如纸屑、碎草或泡沫塑料碎屑，若发现这些漂浮物在水面打旋或集中在一处，即表明此处水下有进水口。

(2) 潜水探漏。漏洞进水口如水深流急，水面看不到漩涡，则需要潜水探摸。潜水探摸是有效的方法，由体魄强壮、游泳技能高强的青壮年担任潜水员，上身穿戴井字皮带，系上绳索由堤上人员掌握，以策安全。探摸方法：一是手摸脚踩，二是用一端扎有布条的杆子探测，如遇漏洞，洞口水流吸引力可将布条吸入，移动困难。

（3）投放颜料观察水色。适宜水流相对小的堤段。在可能出现漏洞且为水浅流缓的堤段分段分期分别撒放石灰或其他易溶于水的带色颜料，如高锰酸钾等，记录每次投放时间、地点，并设专人在背水坡漏洞出水口处观察，如发现出洞口水流颜色改变，并记录时间，即可判断漏洞进水口的大体位置和水流流速大小。然后改变颜料颜色，进一步缩小投放范围，即可较准确地找出漏洞进水口。

（4）电法探测。如条件允许，可在漏洞险情堤段采用电法探测仪进行探查，以查明漏水通道，判明埋深及走向。

三、抢护方法

一旦漏洞出水，险情发展很快，特别是浑水漏洞，将迅速危及堤防安全。所以一旦发现漏洞，应迅速组织人力和筹集物料，抢早抢小，一气呵成。漏洞的抢护原则是："前截后导，临背并举"。即在抢护时，应首先在临水找到漏洞进水口，及时堵塞，截断漏水来源，同时，在背水漏洞出水口采用反滤和围井，降低洞内水流流速，延缓并制止土料流失，防止险情扩大，切忌在漏洞出口处用不透水料强塞硬堵，以免造成更大险情。

1. 塞堵法

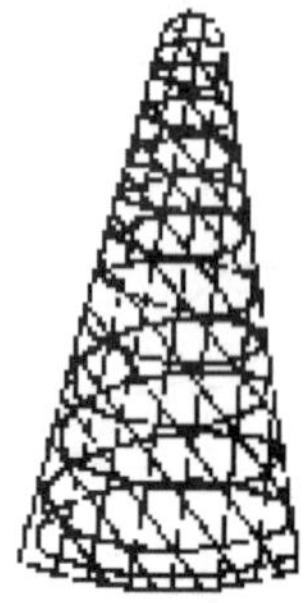

图 6－25　软楔示意图

塞堵漏洞进口是最有效、最常用的方法，尤其是在地形起伏复杂，洞口周围有灌木杂物时更适用。一般可用软性材料塞堵，如针刺无纺布、棉被、棉絮、草包、编织袋包、网包、棉衣及草把等，也可用预先准备的一些软楔（图 6－25）、草捆塞堵。在有效控制漏洞险情的发展后，还需用黏性土封堵闭气，或用大块土工膜、篷布盖堵，然后再压土袋或土枕，直到完全断流为止。1998 年汛期，汉口丹水池防洪墙背水侧发现冒水洞，出水量大，在出口处塞堵无效，险情十分危急，后在临水面探测到漏洞进口，立即用棉被等塞堵，并抛填闭气，使险情得以控制与消除。

在抢堵漏洞进口时，切忌乱抛砖石等块状料物，以免架空，致使漏洞继续发展扩大。

2. 盖堵法

（1）复合土工膜排体（图 6－26）或篷布盖堵。当洞口较多且较为集中，附近无树木杂物，逐个堵塞费时且易扩展成大洞时，可采用大面积复合土工膜排体或篷布盖堵，可沿临水坡肩部位从上往下，顺坡铺盖洞口，或从船上铺放，盖堵离堤肩较远处的漏洞进口，然后抛压土袋或土枕，并抛填黏土，形成前戗截渗，如图 6－27 所示。

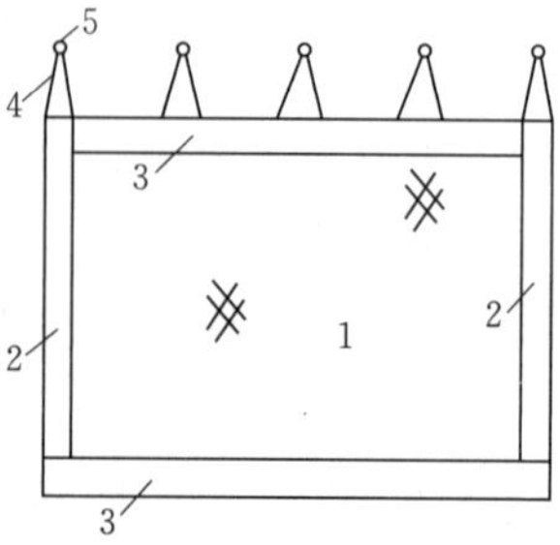

图 6－26　复合土工膜排体

1—复合土工膜；2—纵向土袋筒（ϕ60cm）；3—横向土袋筒（ϕ60cm）；4—筋绳；5—木桩

（2）就地取材盖堵。当洞口附近流速较小、土质松软或洞口周围已有许多裂缝时，可就地取材用草帘、苇箔等重叠数层作为软帘，也可临时用柳枝、秸料、芦苇等编扎软帘。软帘的大小也应根据洞口具体情况和需要盖堵的范围决定。在盖堵前，先将软帘卷起，置放在洞口的上部。软帘的上边可根据受力大小用绳索或铅丝系牢于堤顶的木桩上，下边附以重物，利于软帘下沉时紧贴边坡，然后用长杆顶推，顺堤坡下滚，把洞口盖堵严密，再盖压土袋，抛填黏土，达到封堵闭气，如图 6-28 所示。

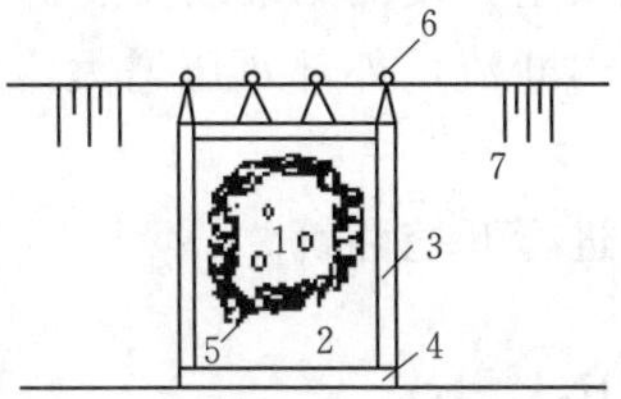

图 6-27 复合土工膜排体盖堵漏洞进口

1—多个漏洞进口；2—复合土工膜排体；3—纵向土袋枕；4—横向土袋枕；5—正在填压的土袋；6—木桩；7—临水堤坡

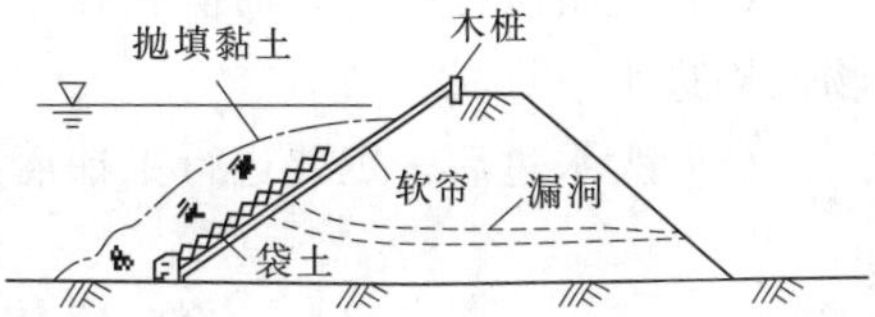

图 6-28 软帘盖堵示意图

采用盖堵法抢护漏洞进口，需防止盖堵初始时，由于洞内断流，外部水压力增大，洞口覆盖物的四周进水。因此洞口覆盖后必须立即封严四周，同时迅速用充足的黏土料封堵闭气。否则一旦堵漏失败，洞口扩大，将增加再堵的困难。

3. 戗堤法

当堤坝临水坡漏洞口多而小，且范围又较大时，在黏土料备料充足的情况下，可采用抛黏土填筑前戗或临水筑月堤的办法进行抢堵。

(1) 抛填黏土前戗。在洞口附近区域连续集中抛填黏土，一般形成厚 3～5m、高出水面约 1m 的黏土前戗，封堵整个漏洞区域，在遇到填土易从洞口冲出的情况下，可先在洞口两侧抛填黏土，同时准备一些土袋，集中抛填于洞口，初步堵住洞口后，再抛填黏土，闭气截流，达到堵漏的目的，如图 6-29 所示。

(2) 临水筑月堤。如果临水水深较浅、流速较小，则可在洞口范围内用土袋迅速连续抛填，快速修成月形围堰，同时在围堰内快速抛填黏土，封堵洞口，如图 6-30 所示。漏洞抢堵闭气后，还应有专人看守观察，以防再次出险。

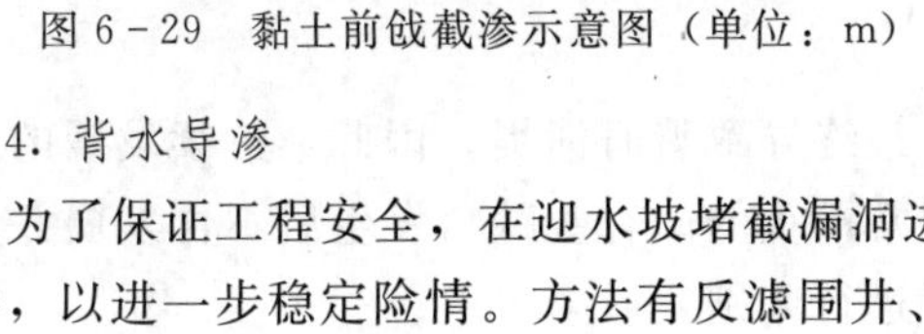

图 6-29 黏土前戗截渗示意图（单位：m）

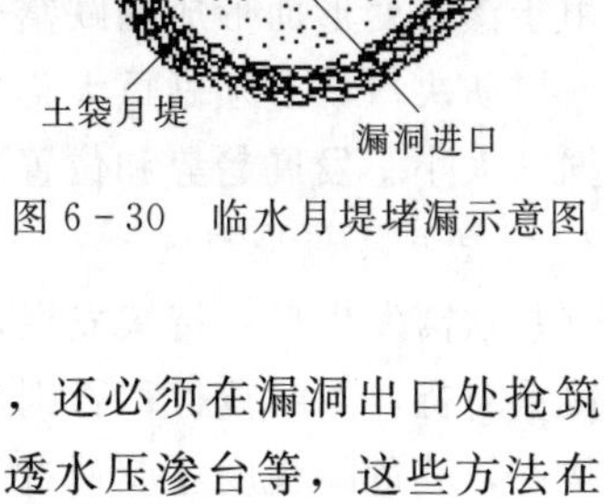

图 6-30 临水月堤堵漏示意图

4. 背水导渗

为了保证工程安全，在迎水坡堵截漏洞进水口的同时，还必须在漏洞出口处抢筑反滤导渗，以进一步稳定险情。方法有反滤围井、反滤压盖和透水压渗台等，这些方法在前面管涌险情抢护中已详述，此处从略。

四、注意事项

（1）漏洞险情危险性大，必须加强领导，统一指挥，做到措施得当，行动迅速。

（2）注意工程和人身安全。

（3）外帮时切忌乱抛砖石土袋、梢料物体，以免架空，使漏洞继续发展扩大。

（4）盖堵法抢护时，需防止在堵复初期，由于洞内断流，外部水压增大，从洞口覆盖物四周进水。

（5）大水过后一定要进行锥探灌浆加固，或汛后进行开挖翻筑。

第五节　跌　窝　抢　护

跌窝（又称陷坑）是指在雨中或雨后，或者在持续高水位情况下，在堤身及坡脚附近局部土体突然下陷而形成的险情。这种险情不但破坏堤防断面的完整性，而且缩短渗径，增大渗透破坏力，有的还可能降低堤坡阻滑力，引起堤防滑坡，对堤防的安全极为不利。特别严重的，随着跌窝的发展、渗水的侵入，或伴随渗水管涌的出现，或伴随滑坡的发生，可能会导致堤防突然溃口的重大险情。

一、产生原因

（1）堤防隐患。堤身或堤基内有空洞，如獾、狐、鼠、蚁等害堤动物洞穴，坟墓、地窖、防空洞、刨树坑等人为洞穴，树根、历史抢险遗留的梢料、木材等植物腐烂洞穴等。这些洞穴在汛期经高水位浸泡或雨水淋浸，随着空洞周边土体的湿软，成拱能力降低，塌落形成跌窝。

（2）堤身质量差。筑堤施工过程中，没有进行认真清基或清基处理不彻底，堤防施工分段接头部位未处理或处理不当，土块架空、回填碾压不实，堤身填筑料混杂和碾压不实，堤内穿堤建筑物破坏或土石结合部渗水等，经洪水或雨水的浸泡冲蚀而形成跌窝。

（3）渗透破坏。堤防渗水、管涌、接触冲刷、漏洞等险情未能及时发现和处理，或处理不当，造成堤身内部淘刷，随着渗透破坏的发展扩大，发生土体塌陷导致跌窝。

二、险情判别

1. 根据成因判别

由于渗透变形而形成的跌窝往往伴随渗透破坏，极可能导致漏洞，如抢护不及时，就会导致堤防决口，必须做重大险情处理；其他原因形成的跌窝，是个别不连通的陷洞，还应根据其大小、发展趋势和位置分别判断其危险程度。

2. 根据发展趋势判别

有些跌窝发生后会持续发展，由小到大，最终导致瞬时溃堤。因此，持续发展的跌窝必须慎重对待，及时抢护；否则，后果将是非常严重的。有些跌窝发生后不再发展并趋于稳定状态，其危险程度还应通过其大小和位置进行判别。

3. 根据跌窝的大小判别

跌窝大小不同对堤防安危程度的影响也不同，直径小于 0.5m、深度小于 1.0m 的小跌窝，一般只破坏堤防断面轮廓的完整性，而不会危及堤防的安全。跌窝较大时，会削弱堤防强度，危及堤防的安全。当跌窝很大且很深时，堤防将至失稳状态，伴随而来的可能是滑坡，则是很危险的。

4. 根据跌窝位置判别

（1）临（背）水坡较大的跌窝可能造成临（背）水坡滑坡险情，或减小渗径，可能造成漏洞或背水坡渗透破坏。

（2）堤顶跌窝降低部分堤顶高度，削弱堤顶宽度。对于堤顶较大跌窝，将会降低防洪标准，引起堤顶漫溢的危险。

三、抢护方法

跌窝的抢护原则是“抓紧翻筑抢护，防止险情扩大”，根据跌窝形成的原因、发展趋势、范围大小和出现的部位采取不同的抢护措施。

在条件允许的情况下，尽可能采用翻挖，分层填土夯实的办法进行彻底处理。条件不许可时，可采取相应的临时性处理措施。如跌窝伴随渗透破坏（渗水、管涌、漏洞等），可采用填筑反滤导渗材料的办法处理。如果跌窝伴随滑坡，应按照抢护滑坡的方法进行处理。如果跌窝在水下较深时，可采取临时性填土措施处理。

抢护跌窝险情首先应当查明原因，针对不同情况，选用不同方法，备妥料物，迅速抢护。在抢护过程中，必须密切注意上游水情涨落变化，以免发生意外。抢护的具体方法一般有以下几种。

1. 翻填夯实

未伴随渗透破坏的跌窝险情，只要具备抢护条件，均可采用翻填夯实方法。具体做法是：先将跌窝内的松土翻出，然后分层回填夯实，恢复堤防原貌。如跌窝出现在水下且水不太深时，可修土袋围堰或桩柳围堤，将水抽干后，再予翻筑，如图 6-31 所示。

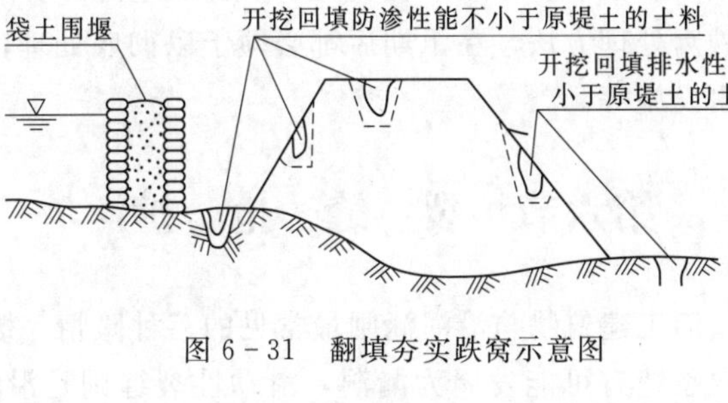

图 6-31　翻填夯实跌窝示意图

翻筑所用土料应遵循“前截后排”的原则，如跌窝位于堤顶或临水坡时，须用防渗性能不小于原堤土的土料，以利防渗；如位于背水坡则须用排水性能不小于原堤土的土料，以利排渗。

翻挖时，必须清除松软的边界层面，并根据土质情况留足坡度或用桩板支撑，以免坍塌扩大。需筑围堰时应适当围得大些，以利抢护方便与漏水时加固。回填时，须使相邻土层良好衔接，以确保抢护的质量。

2. 填塞封堵

填塞封堵是一种临时抢护措施，适用于临水坡水下较深部位的跌窝。具体方法是：用土工编织袋、草袋或麻袋装黏性土或其他不透水材料，直接在水下填塞跌窝，全部填满跌窝后再抛投黏性散土加以封堵和帮宽。要求封堵严密，避免从跌窝处形成渗水通道，如图6-32所示。

汛后水位回落后，还需按照上述翻填夯实法重新进行翻筑处理。

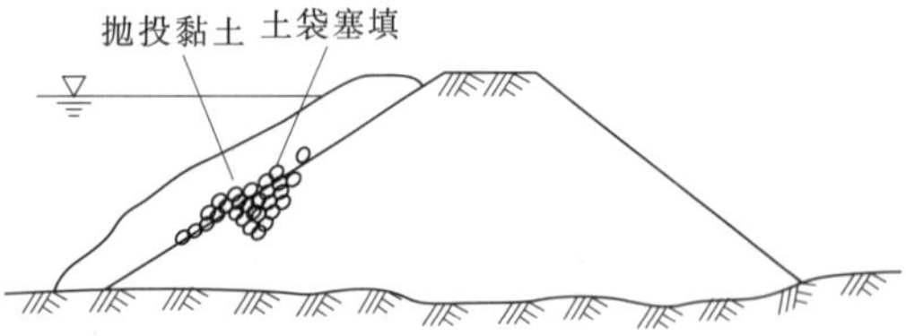

图6-32 填塞封堵跌窝示意图

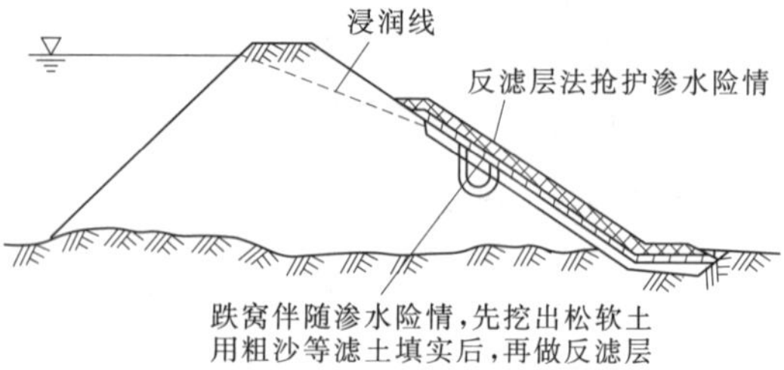

图6-33 填筑反滤料示意图

3. 填筑反滤料

对于伴随有渗水、管涌险情，不宜直接翻筑的背水坡跌窝，可采用填筑反滤料法抢护。具体做法是：先将跌窝内的松土和湿软土壤挖出，然后用粗沙填实，如渗涌水势较大，可加填石子或块石、砖块、梢料等透水料消杀水势后，再予填实。待跌窝填满后，再按反滤层的铺设方法抢护，如图6-33所示。

修筑反滤层时，必须正确选择反滤料，使之真正起到反滤作用。

四、注意事项

（1）跌窝伴有漏洞的险情，必须按漏洞险情处理方法进行抢护。

（2）跌窝伴有滑坡的险情，必须按滑坡险情处理方法进行抢护。

（3）抢护过程中，须密切注意临水坡水位变化，以免发生意外。

（4）无论采用何种跌窝处理方法，在汛期后都必须予以彻底处理，如灌浆、重新翻挖回填、重新设置防渗排水设施等。

第六节 裂缝抢护

裂缝是堤防、土坝、河工建筑物与沿河涵闸最常见的一种险情。裂缝有时可能是其他险情的征兆，如内部横向裂缝有可能发展为漏洞，滑动性裂缝则是滑坡险情的初始阶段，必须高度重视。裂缝可分为以下几种：

（1）按裂缝产生的原因可分为不均匀沉陷裂缝、滑坡裂缝、干缩裂缝、冰冻裂缝、振动裂缝，其中滑坡裂缝是比较危险的。

（2）按裂缝出现的部位可分为表面裂缝、内部裂缝。表面裂缝容易引起人们的注意，可及时处理；而内部裂缝是隐蔽的，不易发现，往往危害更大。

（3）按裂缝走向可分为横向、纵向和龟纹裂缝。其中横向裂缝比较危险，特别是贯穿性横缝，是渗流的通道，属于重大险情。不是贯穿性横缝，缩短渗径，易造成渗透破坏，也属于较重要险情。

一、产生原因

引起堤防裂缝的原因是多方面的，归纳起来，产生裂缝的原因主要有以下方面：

（1）不均匀沉降。堤防基础土质条件差别大，有局部软土层；或堤身填筑厚度悬殊，引起不均匀沉陷，产生裂缝。

（2）施工质量差。堤防施工时上堤土料为黏性土且含水量较大，失水后引起干缩或龟裂，这种裂缝多数为表面裂缝或浅层裂缝，但北方干旱地区的堤防也有较深的干缩裂缝；筑堤时，填筑土料夹有淤土块、冻土块、硬土块；碾压不实，以及新老堤结合面未处理好，遇水浸泡饱和时，易出现各种裂缝，黄河一带甚至 出现蛰裂（湿陷裂缝）；堤防与交叉建筑物接合部处理不好，在不均匀沉陷以及渗水作用下，引起裂缝。

（3）堤身存在隐患。害堤动物如白蚁、獾、狐、鼠等的洞穴，人类活动造成的洞穴如坟墓、藏物洞、军沟战壕等，在渗流作用下，引起局部沉陷产生的裂缝。

（4）水流作用。背水坡在高水位渗流作用下由于抗剪强度降低，临水坡水位骤降或堤脚被淘空，常可能引起弧形滑坡裂缝，特别是背水坡堤脚有塘坑、堤脚发软时，容易发生。

（5）振动及其他影响。如地震或附近爆破造成堤防基础或堤身沙土液化，引起裂缝；背水坡碾压不实，暴雨后堤防局部也有可能出现裂缝。

总之，造成裂缝的原因往往不是单一的，常常多种因素并存。有的表现为主要原因，有的则为次要因素，而有些次要因素经过发展也可能变成主要原因。

二、险情判别

裂缝抢险先要分析判断产生裂缝的原因，是滑坡性裂缝，还是不均匀沉降引起的；是施工质量差，还是由振动引起的。而后要判明裂缝的走向，是横缝还是纵缝。如果是横缝，要判别探明是否贯穿堤身；如果是局部沉降裂缝，应判别是否伴随有管涌或漏洞。此外还应判断是深层裂缝还是浅层裂缝，必要时还应辅以隐患探测仪进行探测。

对于纵缝应分析判断是否是滑坡或崩岸性裂缝，可根据以下特征判别：

（1）在平面上一般呈簸箕状，但地基为淤泥软土，滑坡范围大时也不一定。

（2）呈张开形，上窄下宽，裂缝深部向堤坡方向弯曲，底部隆起，有许多细小裂缝。

（3）裂缝较长较深较宽，有较大的错距，有时在缝中可见擦痕。

（4）裂缝发展有逐渐加快的趋势。

三、抢护方法

裂缝的抢护，必须先判断裂缝的类型，分析裂缝产生的原因，然后根据裂缝所在部位和严重程度，选择合适的抢护方法。其抢护原则是：

（1）如果是滑动或坍塌崩岸性裂缝，应先按处理滑坡或崩岸方法进行抢护。待滑坡或崩岸稳定后，再处理裂缝，否则达不到预期效果。

（2）横向裂缝是最危险的裂缝。如果已横贯堤身，在水面以下时水流会冲刷扩宽裂缝，导致非常严重的后果。即使不是贯穿性裂缝，也会因缩短渗径，浸润线抬高，造成堤身土体的渗透破坏。因此，对于横向裂缝，不论是否贯穿堤身，均应迅速处理。

（3）纵向裂缝如果仅是表面裂缝，可暂不处理，但须注意观察其变化和发展，并封堵缝口，以免雨水侵入，引起裂缝扩展。较宽较深的纵缝，即使不是滑坡性裂缝，也会影响堤防强度，降低其抗洪能力，应及时处理，消除裂缝。

（4）窄而浅的龟纹裂缝，一般可不进行处理。较宽较深的龟纹裂缝，可用较干的细土填缝，用水洇实。

裂缝险情的抢护技术，具体方法一般有开挖回填、横墙隔断、封堵缝口等。

1. 开挖回填

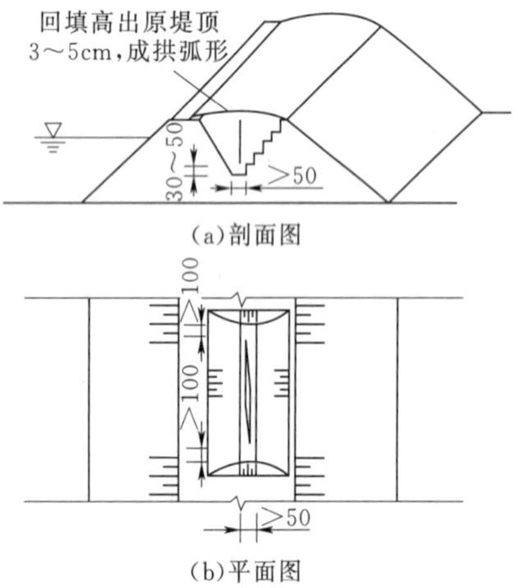

图6－34　开挖回填处理裂缝示意图
（单位：cm）

开挖回填适用于经过观察和检查已经稳定，缝宽大于1cm、深度超过1m的非滑坡（或坍塌崩岸）性纵向裂缝，施工方法如下：

（1）开挖。沿裂缝开挖一条沟槽，挖到裂缝以下0.3～0.5m深，底宽至少0.5m，边坡的坡度应满足稳定及新旧填土能紧密结合的要求，两侧边坡可开挖成阶梯状，每级台阶高宽控制在20cm左右，以利稳定和新旧填土的结合。沟槽两端应超过裂缝1m，如图6－34所示。

（2）回填。回填土料应和原堤土类相同，含水量相近，并控制含水量在适宜范围内，土料过干时应适当洒水。回填要分层填土夯实，每层厚度约20cm，顶部高出堤面3～5cm，并做成拱弧形，以防雨水浸入。

需要强调的是，已经趋于稳定并不伴随有坍塌崩岸、滑坡等险情的裂缝，才能用上述方法进行处理。当发现伴随有坍塌崩岸、滑坡险情的裂缝，应先抢护坍塌、滑坡险情，待脱险并裂缝趋于稳定后，再按上述方法处理裂缝本身。

2. 横墙隔断

横墙隔断适用于横向裂缝，施工方法如下：

（1）沿裂缝方向，每隔3～5m开挖一条与裂缝垂直的沟槽，并重新回填夯实，形成梯形横墙，截断裂缝。墙体底边长度可按2.5～3.0m，墙体厚度以便利施工为度，但不应小于50cm。开挖和回填的其他要求与上述开挖回填法相同，如图6－35所示。

（2）如裂缝临水端已与河水相通，或有连通的可能时，开挖沟槽前，应先在堤防临水侧裂缝前筑前戗截流。若沿裂缝在堤防背水坡已有水渗出时，还应同时在背水坡修反滤导渗，以免将堤身土颗粒带出。

（3）当裂缝漏水严重，险情紧急，或者在河水猛涨，来不及全面开挖裂缝时，可先沿裂缝每隔3～5m挖竖井，并回填黏土截堵，待险情缓和后，再伺机采取其他处理措施。

(4) 采用横墙隔断是否需要修筑前戗、反滤导渗，或者只修筑前戗和反滤导渗而不做隔断横墙，应当根据险情具体情况进行具体分析。

3. 封堵缝口

(1) 灌堵缝口。裂缝宽度小于 1cm，深度小于 1m，不甚严重的纵向裂缝及不规则纵横交错的龟纹裂缝，经观察已经稳定时，可用灌堵缝口的方法。具体做法如下：

1) 用干而细的沙壤土由缝口灌入，再用木条或竹片捣塞密实。

2) 沿裂缝做宽 5～10cm、高 3～5cm 的小土埂，压住缝口，以防雨水浸入。

3) 未堵或已堵的裂缝，均应注意观察、分析，研究其发展趋势，以便及时采取必要的措施。如灌堵以后，又有裂缝出现，说明裂缝仍在发展中，应仔细判明原因，另选适宜方法进行处理。

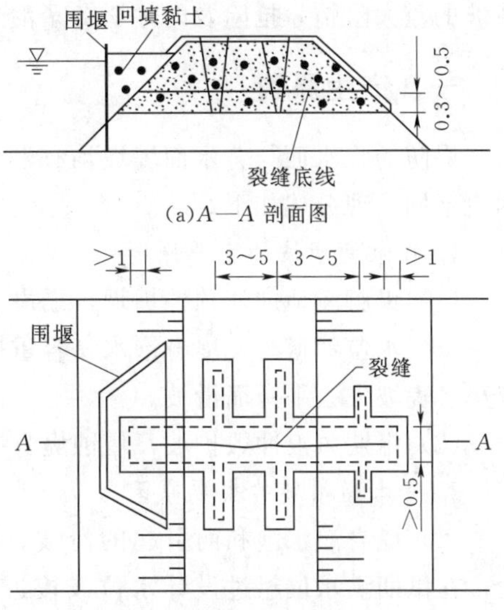

(b)平面图

图 6-35 横墙隔断处理裂缝示意图
(单位：m)

(2) 裂缝灌浆。缝宽较大、深度较小的裂缝，可以用自流灌浆法处理。即在缝顶开宽、深各 0.2m 的沟槽，先用清水灌下，再灌水土重量比为 1∶0.15 的稀泥浆，然后再灌水土重量比为 1∶0.25 的稠泥浆，泥浆土料可采用壤土或沙壤土，灌满后封堵沟槽。

如裂缝较深，采用开挖回填困难时，可采用压力灌浆处理。先逐段封堵缝口，然后将灌浆管直接插入缝内灌浆，或封堵全部缝口，由缝侧打眼灌浆，反复灌实。灌浆压力一般控制在 50～120kPa ($0.5\sim1.2kg/cm^2$)，具体取值由灌浆试验确定。

压力灌浆的方法适用于已稳定的纵横裂缝，效果也较好。但是对于滑动性裂缝，将促使裂缝发展，甚至引发更为严重的险情。因此，要认真分析，采用时须慎重。

四、注意事项

(1) 发现裂缝后，应用土工膜或彩条布等尽快覆盖，不让雨水流入缝中，并加强观察。

(2) 对于伴随有坍塌、滑坡等险情的裂缝，应先抢护坍塌、滑坡，待脱险并趋于稳定后再按上述方法处理裂缝。

(3) 未堵或已堵的裂缝，均应注意观察分析，研究其发展情况。

(4) 做横隔墙是否需要做前戗、反滤导渗，或者只做前戗或反滤导渗而不做隔断墙，应当根据具体情况决定。

第七节 滑 坡 抢 护

滑坡是指堤坝的一部分土体由于各种原因失去稳定并发生显著的相对位移，脱离原来位置向下滑移的现象。汛期堤防边坡失稳，包括临水坡的滑坡与背水坡的滑坡。这类险情严重威胁堤防的安全，必须及时进行抢护。1998 年汛期，长江流域的许多堤段都发生了滑坡的重大险情，抢险及时才避免了溃口险情的发生。

一、产生原因

堤防的临水面与背水面堤坡均有发生滑坡的可能，因其所处位置不同，产生滑坡的原因也不同，现分述如下。

1. 临水面滑坡的主要原因

（1）堤脚滩地迎流顶冲坍塌，崩岸逼近堤脚，堤脚失稳引起滑坡。

（2）水位消退时，堤身饱水，容重增加，在渗流作用下，使堤坡滑动力加大，抗滑力减小，堤坡失去平衡而滑坡。

（3）汛期风浪冲毁护坡，侵蚀堤身引起的局部滑坡。

2. 背水面滑坡的主要原因

（1）堤身渗水饱和而引起的滑坡。通常在设计水位以下，堤身的渗水是稳定的，然而，在汛期洪水位超过设计水位或接近设计水位时，堤身的抗滑稳定性降低或达到最低值。再加上其他一些原因，最终导致滑坡。

（2）在遭遇暴雨或长期降雨而引起的滑坡。汛期水位较高，堤身的安全系数降低，如遭遇暴雨或长时间连续降雨，堤身饱水程度进一步加大，特别是对于已产生了纵向裂缝（沉降缝）的堤段，雨水沿裂缝很容易便渗透到堤防的深部，裂缝附近的土体因浸水而软化，强度降低，最终导致滑坡。

（3）堤脚失去支撑而引起的滑坡。平时不注意堤脚保护，更有甚者，在堤脚下挖塘，或未将紧靠堤脚的水塘及时回填等，这种地方是堤防的薄弱地段，堤脚下的水塘就是将来滑坡的出口。

二、险情判别

汛期堤防出现了下列情况时，必须引起注意。

1. 堤顶与堤坡出现纵向裂缝

汛期一旦发现堤顶或堤坡出现了与堤轴线平行而较长的纵向裂缝时，必须引起高度警惕，仔细观察，并做必要的测试，如缝长、缝宽、缝深、缝的走向以及缝隙两侧的高差等，必要时要连续数天进行测试并做详细记录。出现下列情况时，发生滑坡的可能性很大。

（1）裂缝左右两侧出现明显的高差，其中位于离堤中心远的一侧低，而靠近堤中心的一侧高。

（2）裂缝开度继续增大。

（3）裂缝的尾部走向出现了明显的向下弯曲趋势，如图 6-36 所示。

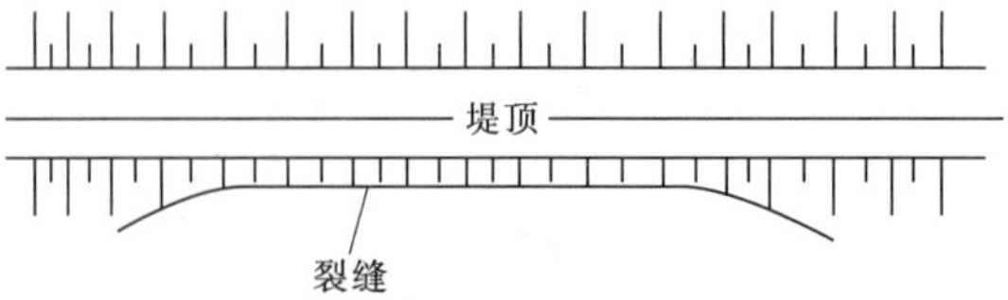

图 6-36 滑坡前裂缝两端明显向下弯曲

(4) 从发现第一条裂缝起，在几天之内与该裂缝平行的方向相继出现数道裂缝。

(5) 发现裂缝两侧土体明显湿润，甚至发现裂缝中渗水。

2. 堤脚处地面变形异常

滑坡发生之前，滑动体沿着滑动面已经产生移动，在滑动体的出口处，滑动体与非滑动体相对变形突然增大，使出口处地面变形出现异常。一般情况下，滑坡前出口处地面变形异常情况难以发现。因此，在汛期，特别是在洪水异常大的汛期，在重要堤防（包括软基上的堤防，曾经出现过险情的堤防堤段）应临时布设一些观测点，及时对这些观测点进行观测，以便随时了解堤防坡脚或离坡脚一定距离范围内地面变形情况，当发现堤脚下或堤脚附近出现下列情况，预示着可能发生滑坡。

(1) 堤脚下或堤脚下某一范围隆起。可以在堤脚或离堤脚一定距离处打一排或两排木桩，测这些木桩的高程或水平位移来判断堤脚处隆起和水平位移量。

(2) 堤脚下某一范围内明显潮湿，变软发泡。

3. 临水坡前滩地崩岸逼近堤脚

汛期或退水期，堤防前滩地在河水的冲刷、涨落作用下，常常发生崩岸。当崩岸逼近堤脚时，堤脚的坡度变陡，压重减小。一旦出现这种情况，极易引起滑坡。

4. 临水坡坡面防护设施失效

汛期洪水位较高，风浪大，对临水坡坡面冲击较大。一旦某一坡面处的防护被毁，风浪直接冲刷堤身，使堤身土体流失，发展到一定程度也会引起局部的滑坡。

三、抢护方法

（一）临水面滑坡的抢护方法

抢护的基本原则是“上部削坡，下部固坡”，先固脚，后削坡，尽量增加抗滑力，减小下滑力。

1. 增加抗滑力

(1) 做土石戗台。在滑坡阻滑体部分做土石戗台，滑坡阻滑体部位一时难以精确划定，最简单的办法是，戗台从堤脚往上做，分两级，第一级厚度 1.5～2m，第二级厚度 1～1.5m（图 6-37）。土石戗台断面结构如图 6-38 所示。

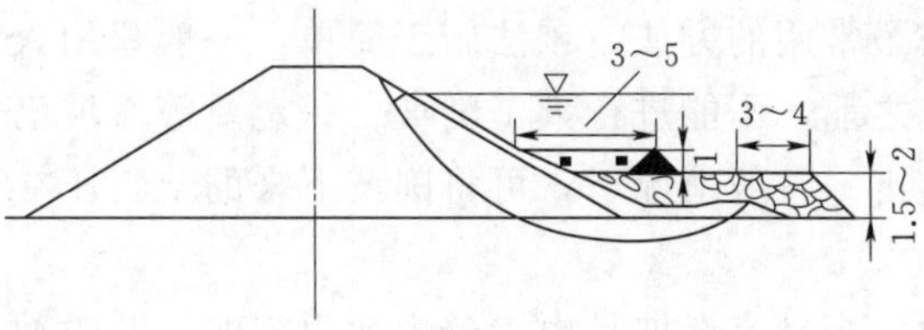

图 6-37　土石戗台断面示意图（单位：m）

图 6-38　土石戗台断面结构示意图

采用本抢护方案的基本条件是：堤脚前未出现崩岸与坍塌险情，堤脚前滩地是稳定的。

(2) 做石撑。当做土石戗台有困难时，比如滑坡段较长、土石料紧缺时，应做石撑临时稳定滑坡。该法适用于滑坡段较长，水位较高。采用此法的基本条件与做土石戗台的基本条件相同。石撑宽度4～6m，坡比1∶5，撑顶高度不宜高于滑坡体的中点高度，石撑底脚边线应超出滑坡下口3m以远（图6-39）。石撑的间隔不宜大于10m。

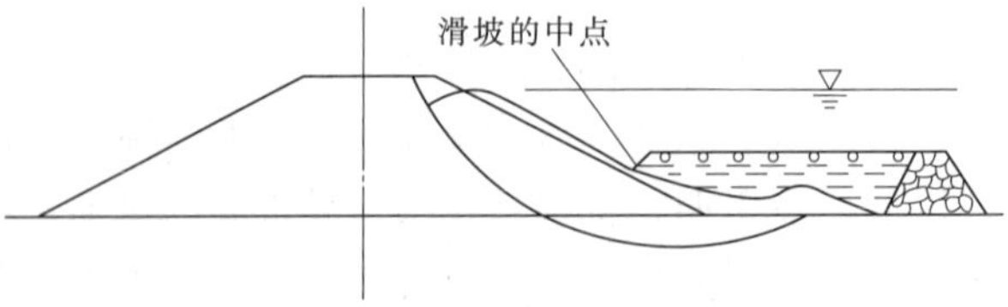

图6-39 石撑断面示意图

（3）堤脚压重，保证滑动体稳定，制止滑动进一步发展。滑坡是由于堤前滩地崩岸、坍塌而引起的，那么，首先要制止崩岸的继续发展，最简单的办法是堤脚抛石块、石笼、编织袋装土石等抗冲压重材料，在极短的时间内制止崩岸与坍塌进一步发展。

2. 背水坡贴坡补强

当临水面水位较高，风浪大，做土石戗台、石撑等有困难时，应在背水坡及时贴坡补强。贴坡的厚度应视临水面滑坡的严重程度而定，一般应大于滑坡的厚度，贴坡的坡度应比背水坡的设计坡度略缓一些。贴坡材料应选用透水的材料，如沙、沙壤土等。如没有透水材料，必须做好贴坡与原堤坡间的反滤层，以保证堤身在渗透条件不被破坏。背水坡贴坡补强断面参见图6-40。背水坡贴坡的长度要超过滑坡两端各3m以上。

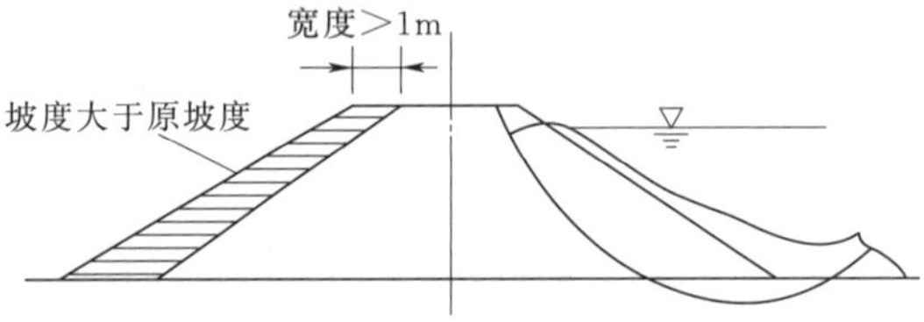

图6-40 背水坡贴坡补强示意图

（二）背水面滑坡的抢护方法

背水面滑坡抢护的基本原则是减小滑动力，增加抗滑力，即上部削坡，下部堆土压重。如滑坡的主要原因是渗流作用时，应同时采取“前截后导”的措施。

1. 减小滑动力

（1）削坡减载。削坡减载是处理堤防滑坡最常用的方法，该法施工简单，一般只用人工削坡即可。但在滑坡还继续发展，没有稳定之前，不能进行人工削坡。一定要等滑坡已经基本稳定后（大约半天至1天时间）才能施工。一般情况下，可将削坡下来的土料压在滑坡的堤脚上做压重用。

（2）在临水面上做截渗铺盖，减小渗透力。当判定滑坡是由渗透力而引起的，及时截断渗流是缓解险情的重要措施之一。采用此法的条件是：坡脚前有滩地，水深也较浅，附近有黏土可取。在坡面上做黏土铺盖阻截或减少渗水，尽快减小渗透力，以达到减小滑动力的目的。

（3）及时封堵裂隙，阻止雨水继续渗入。滑坡后，滑动体与堤身间的裂隙应及时处理，以防雨水沿裂隙渗入滑动面的深层。保护滑动面深处土体不再浸水软化，强度不再降低。封堵裂隙的办法有：用黏土填筑捣实，如没有黏土，也可就地捣实后覆盖土工膜。该法与上述截渗铺盖一样只能是维持滑坡不再继续发展，不能根治滑坡。在封堵滑坡裂隙的同时，必须尽快进行其他抢护措施的施工。

（4）在背水坡面上做导渗沟，及时排水，可以进一步降低浸润线，减小滑动力。

2. 增加抗滑力

增加抗滑力才是保证滑坡稳定，彻底排除险情的主要办法。增加抗滑力的有效办法是增加抗滑体本身的重量，见效快，施工简单，易于实施。

（1）做滤（透）水反压平台（俗称马道、滤水后戗等）。如用沙、石等透水材料做反压平台，因沙、石本身是透水的，因此，在做反压平台前无须再做导渗沟。用沙、石做成的反压平台，称为透水反压平台。

在欲做反压平台的部位（坡面）挖沟，沟深20～40cm，沟间距3～5m，在沟内放置滤水材料（粗沙、碎石、瓜子片、塑料排水管等）导渗，这与第四章中所述的导渗沟相类似。导渗沟下端伸入排渗体内将水排出堤外，绝不能将导渗沟通向堤外的渗水通道阻塞。做好导渗沟后，即可做反压平台。沙、石、土等均可做反压平台的填筑材料。

反压平台在滑坡长度范围内应全面连续填筑，反压平台两端应长至滑坡端部3m以远。第一级平台厚2m，平台边线应超出滑坡隆起点3m以远；第二级平台厚1m，详见图6-41。

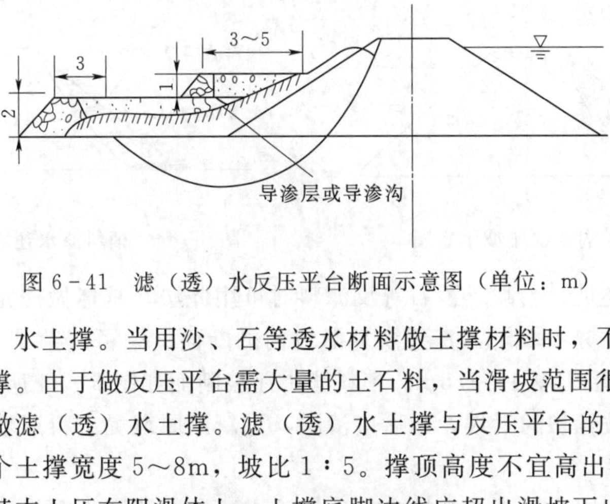

图6-41　滤（透）水反压平台断面示意图（单位：m）

（2）做滤（透）水土撑。当用沙、石等透水材料做土撑材料时，不需再做导渗沟，称此类土撑为透水土撑。由于做反压平台需大量的土石料，当滑坡范围很大，土石料供应又紧张的情况下，可做滤（透）水土撑。滤（透）水土撑与反压平台的区别是：前者分段，逐个填筑而成。每个土撑宽度5～8m，坡比1∶5。撑顶高度不宜高出滑坡体的中点高度，这样做是保证土撑基本上压在阻滑体上。土撑底脚边线应超出滑坡下出口3m以远，土撑的间隔不宜大于10m。土撑的断面如图6-42所示。

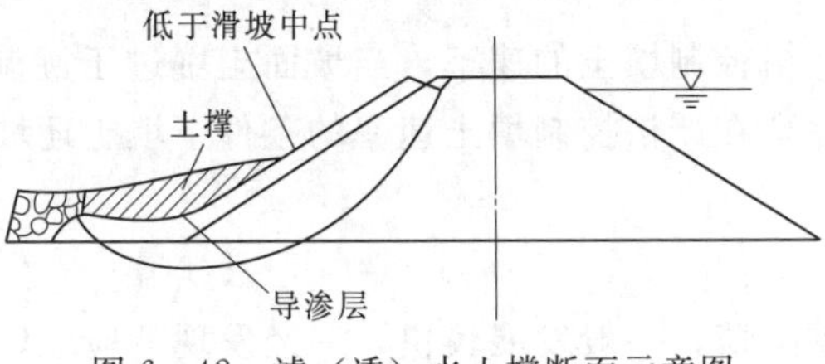

图6-42　滤（透）水土撑断面示意图

（3）堤脚压重。在堤脚下挖塘或建堤时，因取土坑未回填等原因，使堤脚失去支撑而引起滑坡时，抢护最有效的办法是尽快用土石料将塘填起来，至少应及时地把堤脚已滑移的部位用土石料压住。在堤脚稳住后基本上可以暂时控制滑坡的继续发展，争取时间，从容地实施其他抢护方案。实质上该法就是反压平台法的第一级平台。

在做压脚抢护时，必须严格划定压脚的范围，切忌将压重加在主滑动体部位。抢护滑坡施工不应采用打桩等办法，震动会引起滑坡的继续发展。

3. 滤水还坡

汛前堤防稳定性较好，堤身填筑质量符合设计要求，正常设计水位条件下，堤坡是稳定的。但是，如在汛期出现了超设计水位的情况，渗透力超过设计值将会引起滑坡，这类滑坡都是浅层滑坡，滑动面基本不切入地基中，只要解决好堤坡的排水，减小渗透力即可将滑坡恢复到原设计边坡，此为滤水还坡。滤水还坡有以下四种做法：

（1）导渗沟滤水还坡。先清除滑坡的滑动体，然后在坡面上做导渗沟，用无纺土工布或用其他替代材料，将导渗沟覆盖保护，在其上用沙性土填筑到原有的堤坡，如图 6-43 所示。

导渗沟的开挖，应从上至下分段进行，切勿全面同时开挖。

（2）反滤层滤水还坡。该法与导渗沟滤水还坡法一样，其不同之处是将导渗沟滤水改为反滤层滤水。反滤层的做法与渗水抢险中的背水坡反滤导渗的反滤做法相同。

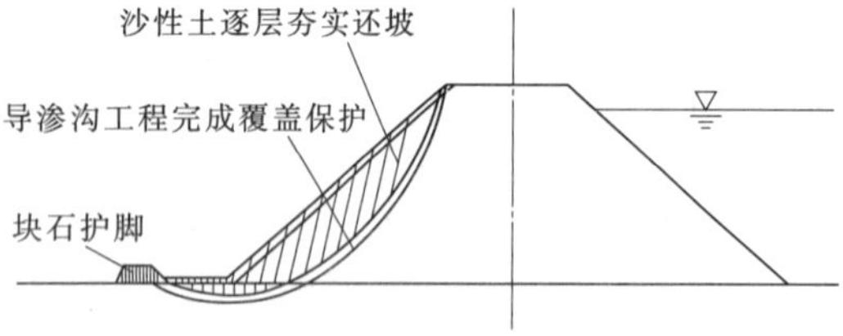

图 6-43　导渗沟滤水还坡示意图

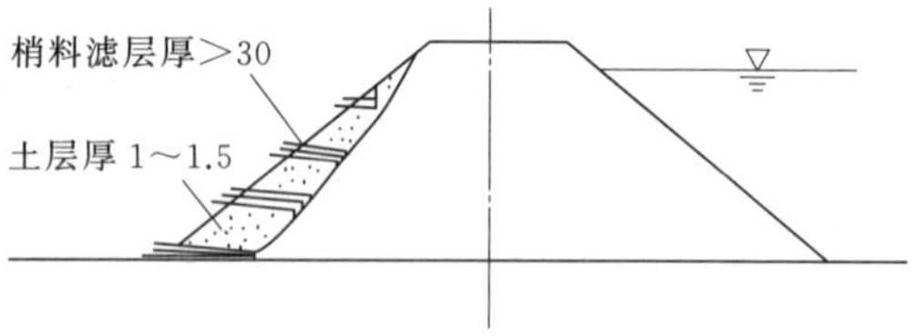

图 6-44　梢料滤水还坡示意图（单位：m）

（3）梢料滤水还坡。当缺乏沙石等反滤料时可用此法。具体做法是：清除滑坡的滑动体，按一层柴一层土夯实填筑，直到恢复滑坡前的断面。柴可用芦柴、柳枝或其他秸秆，每层柴厚 0.2m，每层土厚 1～1.5m。梢料滤水还坡断面如图 6-44 所示。

用梢料滤水还坡抢护的滑坡，汛后应清除，重新用原筑堤土料还坡，以防梢料腐烂后影响堤坡的稳定。

（4）沙土还坡。因为沙土透水性良好，用沙土还坡，坡面不需做滤水处理。将滑坡的滑动体清除后，最好将坡面做成台阶形状，再分层填筑夯实，恢复到原断面。如果用细沙还坡，边坡应适当放缓。

填土还坡时，一定严格控制填土的速率，当坡面土壤过于潮湿时，应停止填筑。最好在坡面反滤排水正常以后，在严格控制填土速率的条件下填土还坡。

四、注意事项

（1）滑坡是一种严重险情，一般发展较快，一经发现就应立即处理。

（2）在滑坡体上做导渗沟，应挖至滑裂面，否则起不到导渗作用，反而有可能跟随土坡一起滑下来。

(3) 渗水严重的滑坡体上，要避免大批人员踩踏，以免险情扩大。

(4) 在填土还坡时，必须注意观察，上土不宜过急、过量，以免超载，影响土坡稳定。

第八节 崩 岸 抢 护

崩岸是堤防临水面滩岸土体崩落的重要险情。这一险情具有发生突然、发展迅速、后果严重的特点，如不及时抢护，将会危及堤防安全。

一、产生原因

崩岸险情发生的主要原因是：水流冲淘刷深堤岸坡脚。在河流的弯道，主流逼近凹岸，深泓紧逼堤防。在水流侵袭、冲刷和弯道环流的作用下，堤外滩地或堤防基础逐渐被淘刷，使岸坡变陡，上层土体失稳而最终崩塌，危及堤防。此外，为了整治河道，控导河势，与险工相结合，在河道的关键部位常建有垛（短丁坝、矶头）、丁坝和顺坝等。由于这些工程的阻水作用，常会在其附近形成回流和漩涡，导致局部冲刷深坑，进而产生窝崩，从而使垛、丁坝的自身安全受到威胁。

二、险情判别

崩岸险情发生前，堤防临水坡面或顶部常出现纵向或圆弧形裂缝，进而发生沉陷和局部坍塌。因此，裂缝往往是崩岸险情发生的预兆。必须仔细分析裂缝的成因及其发展趋势，及时做好抢护崩岸险情的准备工作。

崩岸险情的发生往往比较突然，事先较难判断。它不仅常发生在汛期的涨、落水期，在枯水季节也时有发生；随着河势的变化和控导工程的建设，原来从未发生过崩岸的平工段也会变为险工段。因此，凡属主流靠岸、堤外无滩、急流顶冲的部位，都有发生崩岸险情的可能，都要加强巡查，加强观察。

勘查分析河势变化，是预估崩岸险情发生的重要方法。要根据以往上下游河道险工与水流顶冲点的相互关系和上下游河势有无新的变化，分析险工发展趋势；根据水文预报的流量变化和水位涨落，估计河势在本区段可能发生变化的位置；综合分析研究，判断可能的出险河段及其原因，做好抢险准备。

探测护岸工程前沿或基础被冲深度，是判断险情轻重和决定抢护方法的首要工作。一般可用探水杆、铅鱼从测船上测量堤防前沿水深，并判断河底土石情况。通过多点测量，即可绘出堤防前沿的水下断面图，以大体判断堤脚基础被冲刷的情况及抛石等应急措施的防护效果。与全球定位仪（GPS）配套的超声波双频测深仪法是测量堤防前沿水深和绘制水下断面地形图的先进方法，在条件许可的情况下，可优先选用。因为这一方法可十分迅速地判断水下冲刷深度和范围，以赢得抢险时间。

在情况紧急时，可采用人工水下探查的方法，大致了解冲坑的位置和深度、急流漩涡的部位以及水下护脚破坏的情况，以便及时确定抢护的方法。

三、抢护方法

崩岸的抢护原则是“缓流挑流，护脚固坡，减载加帮”，即减少水流冲淘，抢护护坡、护脚，临水削坡、背水帮坡。应根据河势，特别是近岸水流的状况、崩岸后的水下地形情况以及施工条件等因素，酌情选用。

1. 护脚固基抗冲

一旦发生崩岸险情，首先应考虑抛投料物，如石块、石笼、土袋和柳石枕等，以稳定基础，防止崩岸险情的进一步发展。

（1）抛石块。抛投石块应从险情最严重的部位开始，依次向两边展开。首先将石块抛入冲坑最深处，逐步从下层向上层，以形成稳定的阻滑体。在抛石过程中，要随时测量水下地形，掌握抛石位置，以达到稳定坡度（一般为1∶1～1∶1.5）为止（图6-45）。

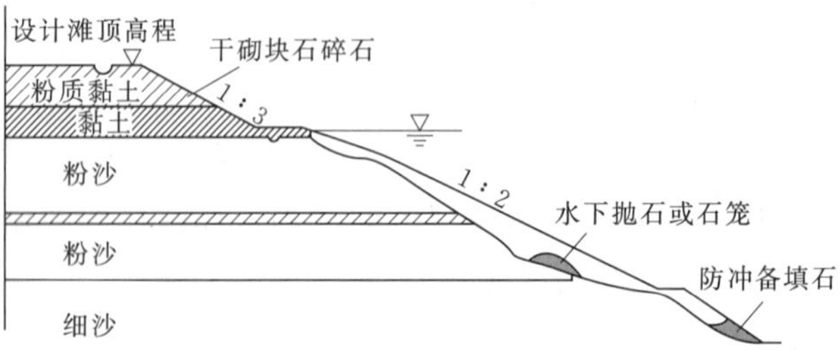

图6-45　抛石块、石笼等示意图

抛投石块应尽量选用大的石块，以免流失。在条件许可的情况下，应通过计算确定抗冲抛石粒径。在流速大、紊动剧烈的坝头等处，石块质量一般应达30～75kg；在流速较小、流态平稳的顺坡坡脚处，石块质量一般也不应小于15kg。

抛石的落点受流速、水深、石重等因素的影响，在抛投前应先做简单现场试验，测定抛投点与落点的距离，然后确定抛投船的位置。

在水深流急情况下抛石，应选择突击抢抛的施工方法。集中力量，一次性抛入大量石块，避免零抛散堆，造成不必要的石块流失。从堤岸上抛投时，为避免砸坏堤岸，应采用滑板，保持石块平稳下落。当堤岸抛石的落点不能达到冲坑最深处时，这一施工方法不宜单独运用，应配合船上抛投，形成阻滑体；否则，起不到抛石的作用。

（2）抛石笼。当现场石块体积较小，抛投后可能被水冲走时，可采用抛投石笼的方法。

抛投石笼应从险情严重部位开始，并连续抛投至一定高度。可以抛投笼堆，亦可普遍抛笼。在抛投过程中，需不断检测抛投面坡度，一般应使该坡度达到1∶1。

应预先编织、扎结铅丝网、钢筋网或竹网，在现场充填石料。石笼体积一般应达1.0～2.5m^3，具体大小应视现场抛投手段而定。

抛投石笼一般在距水面较近的坝顶、堤坡平台或船只上实施。船上抛笼，可将船只锚定在抛笼地点直接下投，以便较准确地抛至预计地点。在流速较大的情况下，可同时从堤顶和船只上抛笼，以增加抛投速度。

抛笼完成以后，应进行一次水下全面探摸，将笼与笼接头不严之处用大块石抛填补齐。

（3）抛土袋。在缺乏石料的地方，可利用草袋、麻袋和土工编织袋充填土料进行抛投护脚。在抢险情况下，采用这一方法是可行的。其中土工编织袋又优于草袋、麻袋，相对较为坚韧耐用。

每个土袋质量宜在50kg以上，袋子装土的充填度为70%～80%，以充填沙土、沙壤土为好，装填完毕后用铅丝或尼龙绳绑扎封口。可从船只或堤岸上用滑板导滑抛投，层层叠压。如流速过高，可将2～3个土袋捆扎连成一体抛投。在施工过程中，需先抛一部分土袋将水面以下深槽底部填平。抛袋要在整个深槽范围内进行，层层交错排列，顺坡上抛，坡度1∶1，直至达到要求的高度。在土袋护体坡面上，还需抛投石块和石笼，以做保护。在施工中，要严防尖硬物扎破、撕裂袋子。

（4）抛柳石枕。对淘刷较严重、基础冲塌较多的情况，仅抛石块抢护，因间隙透水，效果不佳。常可采用抛柳石枕抢护，如图6-46所示。

柳石枕的长度视工地条件和需要而定，一般长10m左右，最短不小于3m，直径0.8～1.0m。柳、石体积比约为2∶1，也可根据流速大小适当调整比例。

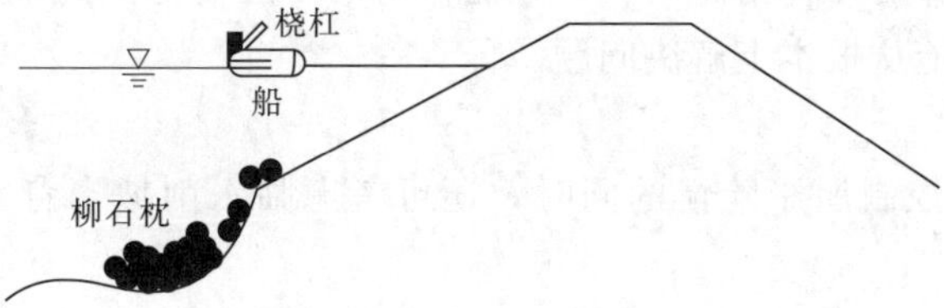

图6-46　抛柳石枕示意图

推枕前要先探摸冲淘部位的情况，要从抢护部位稍上游推枕，以便柳石枕入水后有藏头的地方。若分段推枕，最好同时进行，以便衔接。要避免枕与枕交叉、搁浅、悬空和坡度不顺等现象发生。如河底淘刷严重，应在枕前再加抛第二层枕。要待枕下沉稳定后，继续加抛，直至抛出水面1.0m以上。在柳石枕护体面上，还应加抛石块、石笼等，以做保护。

选用上述几种抛投料物措施的根本目的在于固基、阻滑和抗冲，因此，特别要注意将料物投放在关键部位，即冲坑最深处。要避免将料物抛投在下滑坡体上，以加重险情。

在条件许可的情况下，在抛投料物前应先做垫层，可考虑选用满足反滤和透水性准则的土工织物材料。无滤层的抛石下部常易被淘刷，从而导致抛石的下沉崩塌。当然，在抢险的紧急关头，往往难以先做好垫层。一旦险情稳定，应立即补做此项工作。

2. 缓流挑流防冲

为了减缓崩岸险情的发展，必须采取措施防止急流顶冲的破坏作用。

（1）抢修短丁坝。丁坝、垛、矶等可以导引水流离岸，防止近岸冲刷。这是一种间断性有重点的护岸形式，在崩岸除险加固中常有运用。

在突发崩岸险情的抢护中，采用这一方法难度较大，见效较慢。但在急流顶冲明显、冲刷面不断扩大的情况下，也可应急地采用石块、石枕、铅丝石笼、沙石袋等抛堆成短坝，调整水流方向，以减缓急流对坡脚的冲刷。

在抢险过程中，难以对短丁坝的方向、形式等进行仔细规划，但要求坝长不影响对岸。修建丁坝势必增加坝头附近局部河床的冲刷危险，因此要求坝体自身（特别是坝头）具有一定的抗冲稳定性。应尽量采用机械化施工，以赢得时间，争取主动。

（2）沉柳缓流防冲。这一方法对减缓近岸流速、抗御水流冲刷比较有效。在含沙量较大的河流中，采用这一方法效果更为显著。

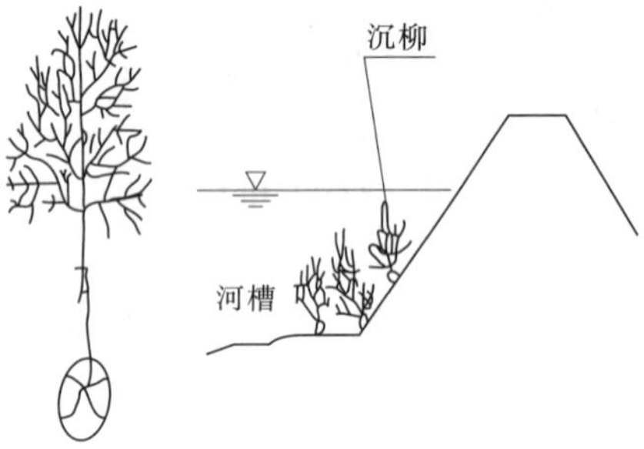

图 6－47　沉柳防冲示意图

首先应摸清淘刷堤脚的下沿位置等，以确定沉柳的底部位置和应沉的数量。用船运载枝叶茂密的柳树头，用铅丝或麻绳将大块石等重物捆扎在柳树头的树杈上。然后，从下游向上游，由低到高，依次抛沉，要使树头依次排列，紧密相连。如一排不能完全掩护淘刷范围，可增加堆沉排数，层层相叠，以防沉柳之间空隙淘冲，如图 6－47 所示。

此外，还有挂柳缓流防冲等措施，具有防冲、落淤和防风浪作用。

上述缓流挑流防冲的几种措施，一般只能作为崩岸险情抢护的辅助手段，它们可以减缓险情的发展，但不能从根本上解决问题。

3. 减载加帮

在采用上述方法控制崩岸险情的同时，还可考虑临水削坡、背水帮坡的措施，如图 6－48 所示。

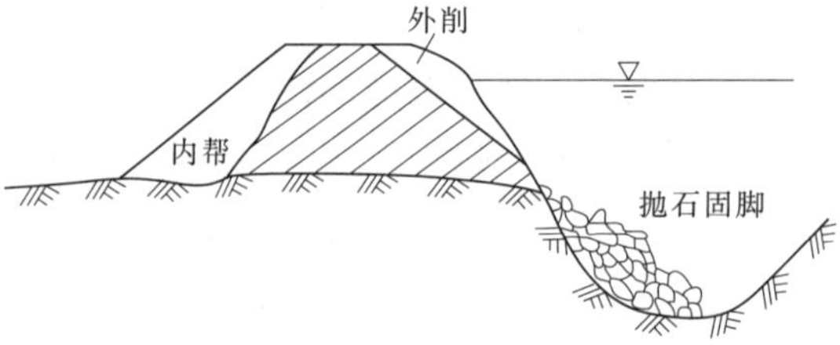

图 6－48　抛石固脚外削内帮示意图

为了抑制崩岸险情的继续扩大，维持尚未坍塌堤脚的稳定，应移走堤顶堆放的料物或拆除洪水位以上的堤岸。特别是坡度较陡的砌石堤岸，尽可能拆除，并将土坡削成 1∶1 的坡度，以减轻荷载。因坍塌或削坡使堤身断面过小时，应在堤的背水坡抢筑后戗或培厚堤身。

当崩岸险情发展迅速，一时难以控制时，还应考虑在崩岸堤段后一定距离抢修第二道堤防，俗称月堤。这一方法就是对崩岸险工除险加固中常采用的退堤还滩措施。退堤还滩就是主动将堤防退后重建，以让出滩地，形成对新堤防的保护前沿。在抢险的紧急关头，为防止堤防的溃决，有时也不得不采用这一应急措施，以策安全。

四、注意事项

（1）崩岸的前兆是裂缝，因此要密切注意裂缝的发生发展情况，判断是否会产生崩塌。

（2）能分析崩岸产生的原因、严重程度及发展趋势，以便采取合理的抢护措施。

（3）已有裂缝时，切不可堆放抢险物料或其他荷载。

（4）对裂缝要加强保护，防止雨水灌入。

（5）圆弧形矬崩最为危险，抢护要领为“护脚为先”。

第九节 风 浪 抢 护

汛期高水位时风浪对未设护坡或护坡薄弱的土堤的冲蚀，尤其是吹程大、水面宽深的江河湖泊堤岸的逆风面，风浪所形成力强，容易造成土堤临水坡面的破坏、削弱土堤断面、可能决口漫溢灾害。对于风浪险情严重的堤段，应立足防患于未然，临水坡完成坚实的护坡，若有外滩条件则可种植防浪林带，缓解风浪的危害。对那些临水面尚未设置护坡的土堤，汛期要特别重视防护风浪险情。

一、产生原因

（1）堤前水面宽深，风向与吹程一致，风大浪高对堤坡具有强大的冲击力。

（2）高水位时船舶航行波浪会危及堤坡安全。

（3）临水堤坡经受风浪一涌一退的反复冲击，波浪往返爬坡运动，会发生真空作用，堤坡面产生负压，使坡面土料、护坡缝隙内下级配不良的垫层颗粒遭到水流冲击和淘刷，造成堤坡坍塌，严重的还会溃决成灾。

（4）堤身质量不高，土质差，碾压不实，护坡薄弱，垫层不合要求，堤坡抗冲能力差。

（5）风浪爬高增加水面以上堤身的饱和范围，降低了土体的抗剪强度。

（6）一旦波浪越顶漫溢，极易造成堤防溃决。

因此，对风浪险情必须高度重视。

二、抢护原则

风浪险情的抢护原则是“削减风浪冲击力，加强堤坝边坡抗冲能力”，以消减风浪对迎水坡冲击力为主，提高迎水坡抗冲刷能力为辅。利用漂浮物防浪，拒波浪于迎水坡以外的水面上，有效消减波浪高度和冲击力。将防汛物料（如土工膜、彩条塑料布、土袋等）铺设在迎水坡上，提高迎水坡的抗冲能力，使其免遭冲蚀。

三、抢护方法

1. 河段封航

《中华人民共和国防洪法》第四十五条规定，当宣布进入紧急防汛期，必要时，公安、交通等部门可按防汛指挥机构的决定依法实施水面交通管制，对部分或全部河段实行封航措施，消除船舶航行波浪的危害。如 1998 年汛期，长江干流就实行了较长时间的封航，避免了船行波对堤防的冲击。

2. 堤坡防护

对未设置护坡的土堤，临时用防汛料物加工铺压临水堤坡面，增强其抗冲能力，这是常用的方法，具体有以下几种：

（1）土（石）袋防护。用编织袋、麻袋或草袋装土、沙、碎石或碎砖等，平铺迎水堤坡，装袋要求与前述袋装土埝相同。此法适于土堤抗冲能力差，缺少柳、秸等软料，风浪破坏较严重的堤段，4级风可用土、沙袋，6级以上风浪应使用石袋。

放置土袋前，对于水上部分或水深较浅的堤坡适当削平，并铺上土工织物，也可铺软草一层（大约0.1m厚），起反滤作用，防止风浪把土淘出，在风浪冲击的范围内摆放土袋底向外、口向里，互相叠压，袋间要挤压严密，上下错缝，铺设到浪高以上，确保防浪效果。如果堤坡稍陡或土质过差，土袋容易滑动。可在最下一层土袋前面打木桩一排，桩长1m，间隔0.3～0.4m，如图6-49所示。此法制作和铺放简便灵活，可随需要增铺，但要注意土袋中的土易被冲失，石袋为佳；草袋易腐烂，如使用时间长则需更换。

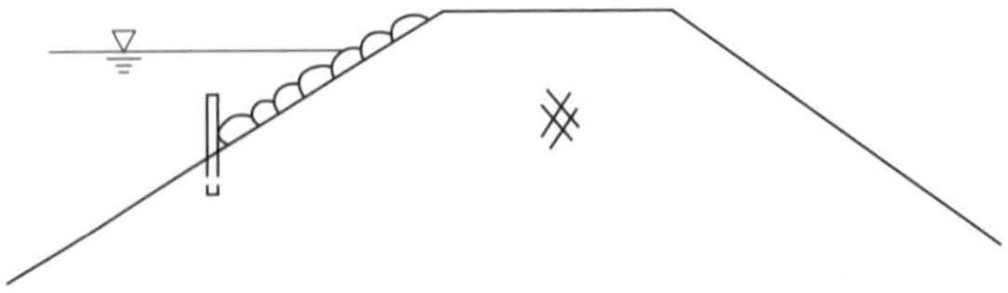

图6-49 土（石）袋防护剖面示意图

（2）土工织物防护。在受风浪冲击的坡面铺置土工织物之前，应清除堤坡上的块石、土块、树枝等杂物，以免使织物受损。织物宽度不一，一般不小于4m，宽的可达8～9m，可根据需要预先粘贴、焊接，顺堤搭接的长度不小于1m，织物上沿一般应高出洪水位1.5～2.0m。为了避免被风浪揭开，织物的四周可用20cm厚的预制混凝土压块或碎石袋（土袋不宜）镇压，如果堤坡过陡，压石袋可能向下滑脱，在险情紧迫时，应适当多压。此外，也可顺堤坡每隔2～3m将土工织物叠缝成条形土枕，内充填沙石料，如图6-50所示。

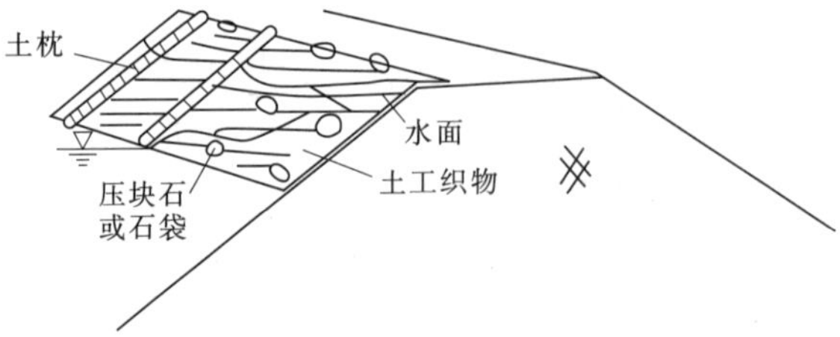

图6-50 土工织物防护示意图

（3）柳箔防护。将柳、苇、稻草或其他秸料编织成席箔，铺在堤坡并加以固定，其抗冲、抗淘刷性也较好。具体做法是用18号铅丝捆扎成直径0.1m、长约2m的柳把，再连成柳箔，其上端以8号铅丝或绳缆系在堤顶打牢的木桩上，木桩长1m，在距临水堤肩2～3m处，打上一排，间隔3m。柳箔下端适当坠以块石或土袋，使柳箔贴在堤坡上，柳把方向与堤线垂直，必要时可在柳箔面上再压块石或沙袋，防止其漂浮或滑动。必须把高低水位范围内被波浪冲刷的坡面全部护住，如果铺得不严密，堤土仍很容易被水淘出。使用此方法要随时观察，防止木桩以及起固定作用的沙袋被风浪冲坏，如图 6-51 所示。

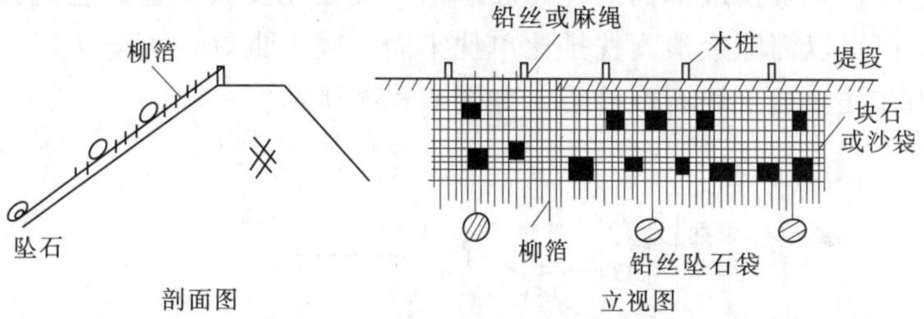

图 6-51 柳箔防护示意图

(4) 柴草（桩柳）防护。在受风浪冲击的堤坡水面以下打一排签桩，把柳、芦、秸料等梢料分层铺在堤坡与签桩之间，直到高出水面 1m，以石块或土袋压在梢料上面，防止漂浮，如图 6-52所示。当水位上涨，一级不够时，可退后同法做二级或多级。

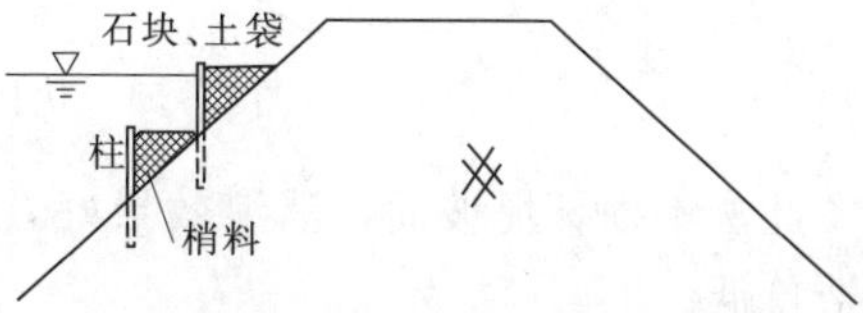

图 6-52 柴草（桩柳）防护剖面示意图

3. 消浪防护

为削减波浪的冲击力，可以在靠近堤坡的水面漂浮芦柴、柳枝、湖草和木头等材料的捆扎体，设法锚定，防止被风浪水流冲走。消浪方法具体有以下几种：

(1) 柳枝消浪。凡沿江河湖泊堤防种植柳树很多的地方可用此法。用大柳树枝叶多的上部，要求干长 1m 以上，枝径 0.1m 左右，也可几棵捆扎使用，在堤顶打木桩，桩长 1.5～2m，直径 0.1～0.15m，桩距 2～3m。用 8 号铅丝或绳子把柳枝干的头部系在木桩上，树梢伸向堤外，并在树杈处捆扎石（沙）袋，使树梢沉入水下，顺堤边坡推柳入水。如果堤坡已有坍塌，则从其下游向上游顺序逐棵压茬。应根据溜坡和坍塌情况确定棵间距及挂深，在主溜附近要挂密一些，边上挂稀一些，根据防护的需要可在已挂柳之间，再补茬签挂。此法一般在 4～5 级风浪下，枝梢面大，消浪作用较好，但要注意枝杈摇动损坏坡面。当柳叶腐烂失效时，可采取补救措施，防止效能的减低，图 6-53 所示。

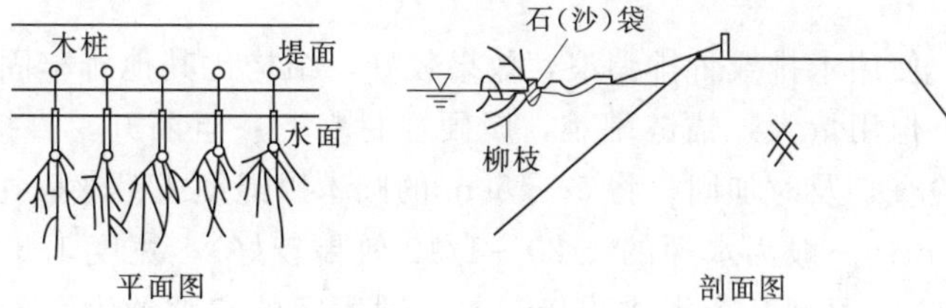

图 6-53 柳枝消浪示意图

(2) 枕排消浪。将柳枝、芦苇或秸料扎成枕，其直径 0.5～0.8m；堤直的用长枕，可达 30～50m，弯度大的堤用短枕，枕芯卷入直径 5～7cm 的竹缆两根或粗 3～4cm 的麻绳做龙筋（芯），枕的纵向隔 0.6～1.0m 用 10～14 号铅丝捆扎。在堤顶距临水堤肩 2～3m 到背水坡之间打木桩，桩长 0.8～1.2m，桩距 3～5m，用绳缆将枕拴牢于桩上，绳缆可以收紧或松开，使枕随水位变化而上下浮动，起到消浪作用。

拴一枕称为单枕，也可挂用两个或更多的枕，用绳缆木杆或竹竿把它们捆扎在一起成为枕排，也称连环枕，要使最外面的枕高浮水面，枕径也要大一些，它直接迎击风浪，后面的枕径可小一些，以消除余浪。枕排比单枕牢固，效果也好，可防 7 级以下的风浪。枕位不稳，可适当在枕上拴上块石或沙袋，如图 6-54 所示。

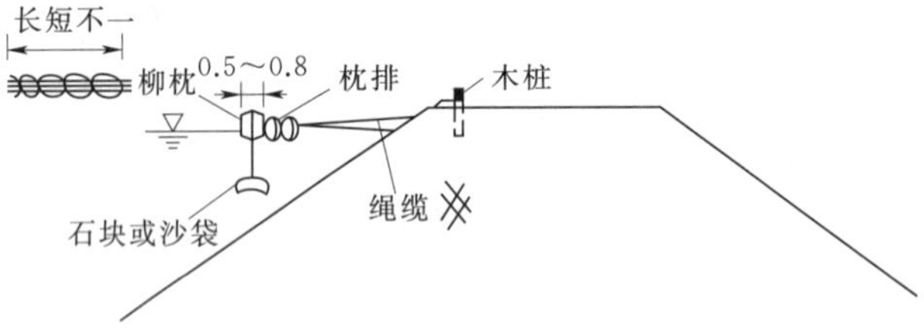

图 6-54　枕排（单枕、多枕）消浪示意图

此法不损坏堤坡面，消浪效果好，制作简单，但必须扎结牢实，柳枕使用时间较短，而造价低。

(3) 湖草排消浪。汛期割下湖区菱、茭等各种浮生水草，编扎草排（也称浮墩），有些蔓植草类可用木杆、竹竿捆扎，排的面积尽可能大，可用船拖动就位，也可把湖草运到现场捆扎。拴固方法同枕排，系在木桩上，也可锚固，使其浮在距堤坡 3～5m 的水面上。缺湖草时也可用其他软草代替。此法防浪效果好，造价低，但易被风浪破坏，不能防大风浪，如图 6-55 所示。

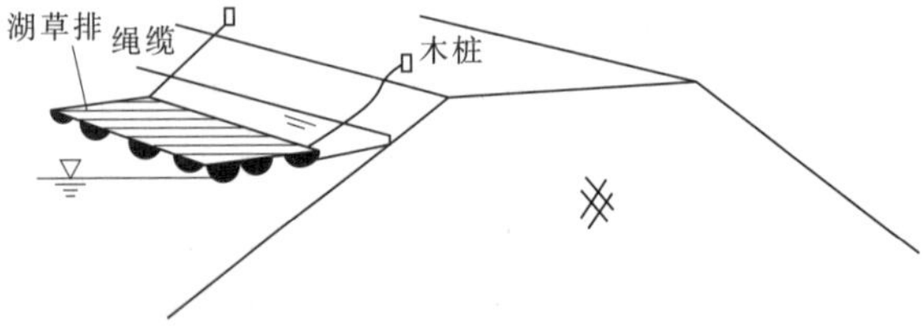

图 6-55　湖草排消浪示意图

随着洪水位的变化，随时注意调整拴排缆绳和锚索的长短，使湖草排能正常起到消浪的作用。

(4) 木排消浪。使用木排或竹排消浪，效果较好，结构比其他排牢固、耐用，不易散架，汛后还可运用；但用量大，锚链困难，属硬性材料，一旦断开，直接威胁堤坝安全，因此使用时要随时检查，及时加固。将 5～15cm 的圆木以绳缆或铅丝捆扎，重叠 3～4 层，使厚度达到 30～50cm（一般为水深的 1/20～1/10 效果较好），宽度 1.5～2.5m（越宽效果越好），长度 3～5m，可把几个木排连接起来。圆木间的空隙约为圆木直径的一半，可夹以芦柴把和柳把等，节省木材用量，降低造价。楠竹与圆木处理办法相同。为了增强防浪效果，应在竹木排下面坠以块石或沙石袋。防浪竹木排应抛锚固定在堤边坡以外 10～40m 范围，水面越宽，距离应越远，避免撞击堤身。锚链长度应稍大于水深，防止锚链被拔起（走锚）。为了防止木排自己移动，锚链也不要过长。若木排较小，可以直接拴在堤顶木桩上，但要随时调整绳缆，防止撞击堤身。木排距堤坡一般为浪长的 2～3 倍，此时消浪效果较好，太近易撞，太远会失效。所谓浪长，指两个浪峰的距离。一般使用木排消浪要特别慎重，使用不是很多，如图 6-56 所示。

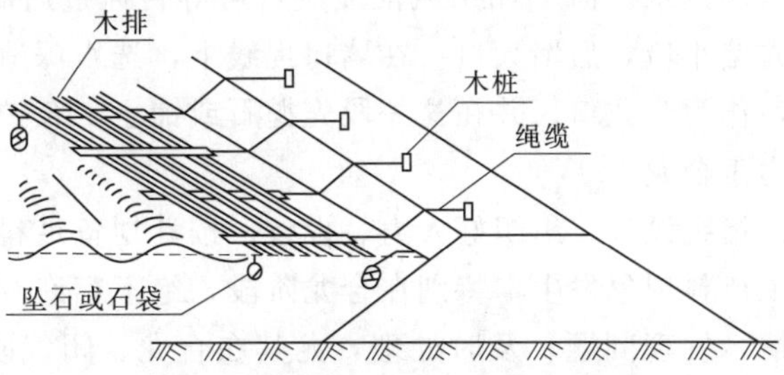

图 6-56 木（竹）排消浪示意图

在选用漂浮物消浪的方法时，注意满足消能作用大、范围宽广的要求，避免余波淘刷，力争多使水体本身干扰消能，少与波浪直接撞击。

以上防浪措施中都要注意不要对堤身造成过分损伤。例如，打木桩不宜过密过深，以免破坏堤身土体结构，降低自身的抗洪能力。

四、注意事项

(1) 抢护风浪险情时，尽量不要在堤坡上打桩，必须打桩时，桩距要大，以免影响堤坡的稳定性。

(2) 采用土工织物、土工膜防浪是一种快速而有效的抢护方法，但在铺设时须压牢，以防被风浪卷起漂浮。

(3) 防风浪一定要坚持"以防为主，防重于抢"的原则，平时要加强管理养护，备足防汛物料，避免或减少出现防汛被动局面。

(4) 在风浪袭击严重的堤段，若临河有滩地，应及时种植防浪林，这是一种行之有效的防风浪生物措施。

第十节 决 口 抢 护

一、险情

江河、湖泊堤防在洪水的长期浸泡和冲击作用下，当洪水超过堤防的抗御能力，或者在汛期出险抢护不当或不及时，都会造成堤防决口。产生决口的原因可分为以下几种：①因水位漫顶而决口；②因水流冲击而决口；③因堤防塌陷而决口；④因人为挖堤而决口。

堤防一旦决口，几米甚至十几米水头的水流倾泻而下，将给决口影响地区社会经济的发展和人民生命财产的安全带来巨大的危害。

二、堵口的基本原则

在堤防尚未完全溃决，或决口时间不长、口门较窄时，可用大体积料物抓紧时间抢堵，如篷布加土袋或沉船等办法。当口门已经扩大，现场又没有充足的堵口料物，则不必强行抢堵，否则不但浪费料物，成功机会也不大。河堤在洪水退落，口门过水较少时抓紧堵复，以防下次洪水再次进水。海堤如系风浪溃决，可等台风过后利用落潮时立即抢堵。河堤多处决口，一般先堵小口，后堵大口。在堵口堤线上，选水深适宜、地基相对较好的地段，预留一定长度，作为合龙口。并在这一段先抛石或铺土工布护底防冲，等两端堵复到恰当距离时，集中力量合龙。

堵口必须做好施工组织设计，组织好人力、设备，按计划备足料物。施工过程中要一气呵成，不允许有停工待料现象发生，特别在合龙阶段，绝不容许有间歇等待现象。施工中要随时检查水情工情，发现问题，及时处理，尤其在合龙、闭气阶段，更要百倍警惕，发现异常现象，立即采取补救措施，以防功亏一篑。

三、堵口的施工组织设计

1. 决口封堵时机的选择

堤防一旦出现决口重大险情，必须采取解决措施，在口门较窄时，采用大体积料物，如篷布、石袋、石笼等，及时抢堵，以免口门扩大，险情进一步发展。

在溃口口门已经扩开的情况下，为了控制灾情的发展，同时也要考虑减低封堵施工的难度，要根据各种因素，精心选择封堵时机。恰当的封堵时机选择，将有利于顺利地实现封堵复堤，减少封堵抢险的经费和决口灾害的损失。通常，要根据以下条件，综合考虑，做出封堵时机的决策。

（1）口门附近河道地形及土质情况，估计口门发展变化趋势。

（2）洪水流量、水位等水文预报情况，一段时间内的上游来水情况及天气情况。

（3）洪水淹没区的社会经济发展情况，特别是居住人口情况，铁路、公路等重要交通干线及重要工矿企业和设施的情况。

（4）决口封堵料物的准备情况，施工人员组织情况，施工场地和施工设备的情况。

（5）其他重要情况。

2. 决口封堵的组织设计

在进行决口封堵施工前，必须做好水文观测和河势勘察工作。要实测口门的宽度，绘制简易的纵横断面图，并实测水深、流速和流量等。在可能的情况下，要勘测口门及其附近水下地形，并勘查土质情况，了解其抗冲流速值。

（1）堵口堤线确定。为了降低封堵施工时对高流速水流拦截的难度，在河道宽阔并具有一定滩地的情况下，或堤防背水侧较为开阔且地势较高的情况下，可选择“月弧”形堤线，以有效增大过流面积，从而降低流速，减少封堵施工的困难。

（2）堵口辅助工程的选择。为了降低堵口附近的水头差和减低流量、流速，在堵口前可采用开挖引河和修筑挑水坝等辅助工程措施。要根据水力学原理，精心选择挑水坝和引河的位置，以引导水流偏离决口处，并能顺流下泄，以降低堵口施工的难度。

对于全河夺流的堤防决口，要根据河道地形、地势选好引河、挑水坝的位置，从而使引河、堵口堤线和挑水坝三项工程有机结合，达到顺利堵口的目的。

（3）抢险施工准备。在实施封堵前，要根据决口处地形、水头差和流量，做好封堵材料的准备工作。要考虑各种材料的来源、数量和可能的调集情况。封堵过程中不允许停工待料，特别是不允许在合龙阶段出现间歇等待的情况。要考虑好施工场地的布置和组织，充分利用机械施工和现代化的运输设备。传统的以人力为主，采用人工打桩、挑土上堤的方法，不仅施工组织困难，耗时长、花费大，而且失败的可能性也较大。因此，要力争采用现代化的施工方式，提高抢险施工的效率。

四、决口抢险的实施

堤防溃口险情的发生，具有明显的突发性质。各地在抢险的组织准备、材料准备等方面都不可能很充分。因此，要针对这种紧急情况，采用适宜的堵口抢险应急措施。通常可采取以下步骤。

1. 抢筑裹头

土堤一旦溃决，水流冲刷扩大溃口口门，以致口门发展速度很快，其宽度通常要达200～300m才能达到稳定状态，如湖北嘉鱼的簰洲湾、江西九江的江心洲溃口。

如能及时抢筑裹头，就能防止险情的进一步发展，减小此后封堵的难度。同时，抢筑坚固的裹头，也是堤防决口封堵的必要准备工作。因此，及时抢筑裹头，是堤防决口封堵的关键之一。

要根据不同决口处的水位差、流速及决口处的地形、地质条件，确定有效抢筑裹头的措施。这里重要的是选择抛投料物的尺寸，以满足抗冲稳定性的要求；选择裹头形式，以满足施工要求。

通常，在水浅流缓、土质较好的地带，可在堤头周围打桩，桩后填柳或柴料厢护或抛石裹护。在水深流急、土质较差的地带，则要考虑采用抗冲流速较大的石笼等进行裹护。除了传统的打桩施工方法，可采用螺旋锚方法施工。螺旋锚杆的首部带有特殊的锚针，可以迅速下铺入土，并具有较大的垂直承载力和侧向抗冲力。首先在堤防迎水面安装两排一定根数的螺旋锚，抛下沙石袋后，挡住急流对堤防的正面冲刷，减缓堤头的崩塌速度；然后，由堤头处包裹向背水面安装两排螺旋锚，抛下沙石袋，挡住急流对堤头的急流冲刷和回流对堤背的淘刷。亦有采用土工合成材料或橡胶布裹护的施工方案，将土工合成材料或橡胶布铺展开，并在它四周系重物使其下沉定位，同时采用抛石等方法压牢。待裹头初步稳定后，再实施打桩等方法进一步予以加固。

2. 沉船截流

根据九江城防堤决口抢险的经验，沉船截流在封堵决口的施工中起到了关键的作用。沉船截流可以大大减小通过决口处的过流流量，从而为全面封堵决口创造条件。

在实现沉船截流时，最重要的是保证船只能准确定位。在横向水流的作用下，船只的定位较为困难，要精心确定最佳封堵位置，防止沉船不到位的情况发生。

采用沉船截流的措施，还应考虑到由于沉船处底部的不平整，使船底部难与河滩底部紧密结合的情况，如图6－57所示。这时在决口处高水位差的作用下，沉船底部流速仍很大，淘刷严重，必须迅即抛投大量料物，

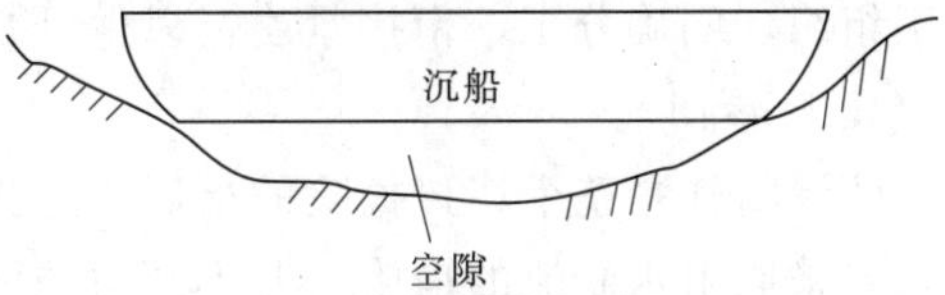

图6－57 沉船底部空隙示意图

堵塞空隙。在条件允许的情况下，可考虑在沉船的迎水侧打钢板桩等阻水。有人建议采用在港口工程中已广泛采用的底部开舱船只抛投料物，如图6-58所示。这种船只抛石集中，操作方便。在决口抢险时，利用这种特殊的抛石船只，在堵口的关键部位开舱抛石并将船舶下沉，这样可有效地实现封堵，并减少决口河床冲刷。

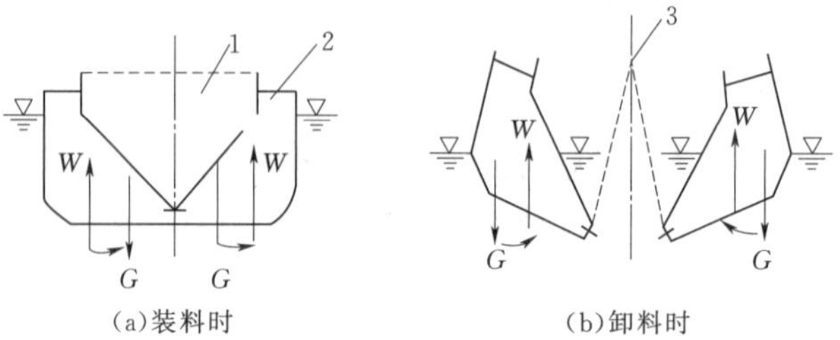

图6-58 底部开舱船舶示意图

1—料舱；2—空舱；3—统舱；G—重心；W—浮心

3. 进占堵口

在实现沉船截流减少过流流量的步骤后，应迅速组织进占堵口，以确保顺利封堵决口。常用的进占堵口方法有立堵、平堵和混合堵三种。

(1) 立堵。从口门的两端或一端，按拟定的堵口堤线向水中进占，逐渐缩窄口门，最后实现合龙。采用立堵法，最困难的是实现合龙。这时，龙口处水头差大，流速高，使抛投物料难以到位。在这样的情况下，要做好施工组织，采用巨型块石笼抛入龙口，以实现合龙。在条件许可的情况下，可从口门的两端架设缆索，以加快抛投速率和降低抛投石笼的难度。

(2) 平堵。沿口门的宽度，自河底向上抛投料物，如柳石枕、石块、石枕、土袋等，逐层填高，直至高出水面，以堵截水流。这种方法从底部逐渐平铺加高，随着堰顶加高，口门单宽流量及流速相应减小，冲刷力随之减弱，利于施工，可实现机械化操作。这种平堵方式特别适用于前述拱形堤线的进占堵口。平堵有架桥和抛投船两种抛投方式。

(3) 混合堵。混合堵是立堵与平堵相结合的堵口方式。堵口时，根据口门的具体情况和立堵、平堵的不同特点，因地制宜，灵活采用。如在开始堵口时，一般流量较小，可用立堵快速进占。在缩小口门后流速较大时，再采用平堵的方式，减低施工难度。

在1998年抗洪斗争中，借助人民解放军工兵和桥梁专业人员的经验，采用了"钢木框架结构、复合式防护技术"进行堵口合龙。这种方法是用40mm左右的钢管间隔2.5m沿堤线固定成数个框架。钢管下端插入堤基2m以上，上端高出水面1～1.5m做护栏，将钢管以统一规格的连接器件组成框网结构，形成整体。在其顶部铺设跳板形成桥面，以便快速在框架内外由下而上、由里向外填塞料物袋，以形成石、木、钢、土多种材料构成的复合防护层。要根据结构稳定的要求，做好成片连接、框网推进的钢木结构。同时要做好施工组织，明确分工，衔接紧凑，以保证快速推进。

4. 防渗闭气

防渗闭气是整个堵口抢险的最后一道工序。因为实现封堵进占后，堤身仍然会向外漏水，要采取阻水断流的措施。若不及时防渗闭气，复堤结构仍有被淘刷冲毁的可能。

通常，可用抛投黏土的方法实现防渗闭气，亦可采用养水盆法、修筑月堤蓄水以解决漏水，土工膜等新型材料也可用以防止封堵口的渗漏。

第十一节　结合部接触冲刷抢护

接触冲刷险情发生在有穿堤建筑物的地方或土料层间系数大的堤段。由于穿堤建筑物多为刚性结构，在汛期高水位持续作用下，其与土堤的结合部位，极有可能产生位移张开，使水沿缝渗漏，形成接触冲刷险情。尤其是一些穿堤建筑物直接坐落在沙基上，其接触面渗水给建筑物安全带来极大的影响。

一、产生原因

接触冲刷险情产生的原因主要有：

（1）与穿堤建筑物接触的土体回填不密实。

（2）建筑物与土体结合部位有生物活动。

（3）止水齿墙（槽、环）失效。

（4）一些老的涵箱断裂变形。

（5）超设计水位的洪水作用。

（6）穿堤建筑物的变形引起结合部位不密实或破坏等。

（7）土堤直接修建在卵石堤基上。

（8）堤基土中层间系数过大的地方，如粉沙与卵石间也易产生接触冲刷。该类险情可以结合管涌险情来考虑，这里仅讨论穿堤建筑物的接触冲刷险情。

二、险情判别

汛期穿堤建筑物处均应有专人把守，同时新建的一些穿堤建筑物应设有安全监测点，如测压管和渗压计等。汛期只要加强观测，及时分析堤身、堤基渗透压力变化，即可分析判定是否有接触冲刷险情发生。没有设置安全监测设施的穿堤建筑物，可以从以下几个方面加以分析判别：

（1）查看建筑物背水侧渠道内水位的变化，也可做一些水位标志进行观测，帮助判别是否产生接触冲刷。

（2）查看堤背水侧渠道水是否浑浊，并判定浑水是从何处流进的，仔细检查各接触带出口处是否有浑水流出。

（3）建筑物轮廓线周边与土结合部位处于水下，可能在水面产生冒泡或浑水，应仔细观察，必要时可进行人工探摸。

（4）接触带位于水上部分，在结合缝处（如八字墙与土体结合缝）有水渗出，说明墙与土体间产生了接触冲刷，应及早处理。

三、接触冲刷险情的处理技术

1. 处理原则

穿堤建筑物与堤身、堤基接触带产生接触冲刷，险情发展很快，直接危及建筑物与堤防的安全，所以抢险时，应抢早抢小，一气呵成。抢护原则是在建筑物临水面进行截堵，背水面进行反滤导水，特别是基础与建筑物接触部位产生冲刷破坏时，应抬高堤内渠道水位，减小冲刷水流流速。对可能产生建筑物塌陷的，应在堤临水面修筑挡水围堰或重新筑堤等。

2. 处理技术

抢护接触冲刷险情可以根据具体情况采用以下几种处理技术：

（1）抛填黏土截渗。

1）适用范围：临水不太深，风浪不大，附近有黏土料，且取土容易，运输方便。

2）备料：由于穿堤建筑物进水口在汛期伸入江河中较远，在抛填黏土时，需要土方量大，为此，要充分备料，抢险时最好能采用机械运输，及时抢护。

3）坡面清理：黏土抛填前，应清理建筑物两侧临水坡面，将杂草、树木等清除，以使抛填黏土能较好地与临水坡面接触，提高黏土抛填效果。

4）抛填尺寸：沿建筑物与堤身、堤基结合部抛填，高度以超出水面1m左右为宜，顶宽2～3m。

5）抛填顺序：一般是从建筑物两侧临水坡开始抛填，依次向建筑物进水口方向抛填，最终形成封闭的防渗黏土斜墙。

（2）临水围堰。临水侧有滩地，水流流速不大，而接触冲刷险情又很严重时，可在临水侧抢筑围堰，截断进水，达到制止接触冲刷的目的。临水围堰一定要绕过建筑物顶端，将建筑物与土堤及堤基结合部位围在其中。可从建筑物两侧堤顶开始进占抢筑围堰，最后在水中合龙；也可用船连接圆形浮桥进行抛填，加快施工进度，即时抢护。

在临水截渗时，靠近建筑物侧墙和涵管附近不要用土袋抛填，以免产生集中渗漏；切忌乱抛块石或块状物，以免架空，达不到截渗目的。

（3）反滤围井。当堤内渠道水不深时（小于2.5m），在接触冲刷水流出口处修筑反滤围井，将出口围住并蓄水，再按反滤层要求填充反滤料。为防止因水位抬高引起新的险情发生，可以调整围井内水位，直至最佳状态为止，即让水顺利排出而不带走沙土。具体方法见管涌抢护方法中的反滤围井。

（4）围堰蓄水反压。在建筑物出口处修筑较大的围堰，将整个穿堤建筑物的下游出口围在其中，然后蓄水反压，达到控制险情的目的。其原理和方法与抢护管涌险情的蓄水反压相同。

在堤背水侧反滤导渗时，切忌用不透水料堵塞，以免引起新的险情。在堤背水侧蓄水反压时，水位不能抬得过高，以免引起围堰倒塌或周围产生新的险情。同时，由于水位高、水压大，围堰要有足够的强度，以免造成围堰倒塌而出现溃口性险情。

（5）筑堤。当穿堤建筑物已发生严重的接触冲刷险情而无有效抢护措施时，可在堤临水侧或堤背水侧筑新堤封闭，汛后进行彻底处理。具体方法如下：

1）方案确定：首先应考虑抢险预案措施，根据地形、水情、人力、物力、抢护工程量及机械化作业情况，确定是筑临水围堤还是背水围堤。一般情况是在堤背水侧抢筑新堤要容易施工些。

2）筑堤线路确定：根据河流流速、滩地的宽窄情况及堤内地形情况，确定筑堤线路，同时根据工程量大小，以及是否来得及抢护，确定筑堤的长短。

3）筑堤清基要求：确定筑堤方案和线路后，筑堤范围也即确定。首先应清除筑堤范围内的杂草、淤泥等，特别是新、老堤结合部位应清理彻底。否则一旦新堤挡水，造成结合部集中渗漏，将会引起新的险情发生。

4）筑堤填土要求：一般选用含沙少的壤土或黏土，严格控制填土的含水量、压实度，使填土充分夯实或压实，填筑要求可参考有关堤防填筑标准。

第十二节 水闸险情抢护

一、水闸失稳抢护

1. 出险原因

修建在软基上浮筏式结构的开敞式水闸，主要靠自重及其上部荷载在闸底板与土基之间产生的摩阻力维持其抗滑稳定，由于下列原因，可能使水闸产生向下游滑动失稳的险情。

（1）上游挡水位超过设计挡水位，使水平水压力增加，同时渗透压力和上浮力也增大，从而使水平方向的滑动力超过抗滑摩阻力。

（2）防渗、止水设施破坏，使渗径变短，造成地基土壤渗透破坏甚至冲蚀，地基摩阻力降低。

（3）其他附加荷载超过原设计限值，如地震力等。

2. 处理技术

抢险原则是增加抗滑力、减小滑动力，以稳固工程基础。

（1）加载增加摩擦阻力。适用于平面缓慢滑动险情的抢护。在水闸的闸墩、公路桥面等部位堆放块石、土袋或钢铁等重物，需加载量由稳定核算确定，同时要注意：加载不得超过地基许可应力，否则，会造成地基大幅度沉陷；具体加载部位的加载量不能超过该构件允许的承载限度；堆放重物的位置，要考虑留出必要的通道，一般不要向闸室内抛物增压，以免压坏闸底板或损坏闸门构件；险情解除后要及时卸载，进行善后处理。

（2）下游堆重阻滑。适用对圆弧滑动和混合滑动两种缓滑险情的抢护。在水闸可能出现的滑动面的下端，堆放土袋、石块等重物，防止滑动。重物堆放位置及数量由阻滑稳定计算确定，如图 6－59 所示。

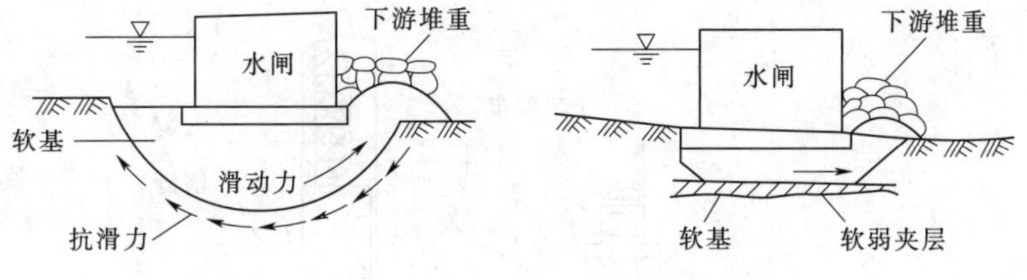

图 6－59 下游堆重阻滑示意图

（3）下游蓄水平压。在水闸下游一定范围内用土袋或土筑围堤，充分壅高水位，减小上下游水头差，以抵消部分水平推力。围堤高度根据壅水高度而定，堤顶宽约 2m，土围堤边坡 1∶2.5，堆土袋边坡 1∶1，要留 1m 左右的超高，并在靠近控制水位高程处设溢水管，如图 6－60 所示。

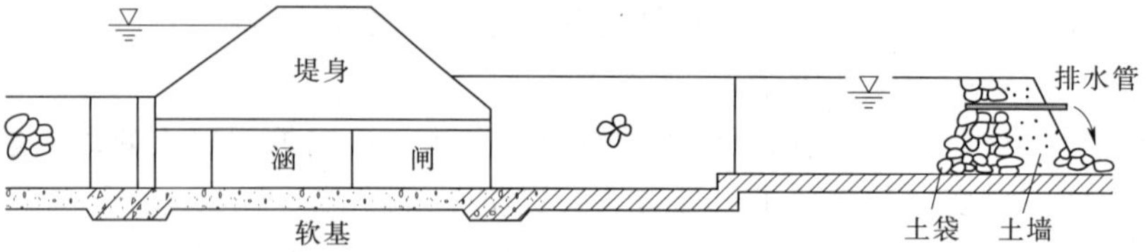

图 6-60 下游蓄水平压意图

若水闸下游渠道上建有节制闸，且距离较近时，可关闸壅高水位，也能起到同样的作用。

（4）圈堤围堵。一般适用于闸前有较宽的滩地情况，围堤修筑高度通常与闸两侧堤防高度相同。堤顶宽应不小于5m，以利施工和抢险，圈堤边坡1∶2.5～1∶3。圈堤临河侧可堆筑土袋，背水侧填筑土戗；或者两侧均堆筑土袋，中间填土夯实，以减少土方量，土袋堆筑坡1∶1。

圈堤填筑工程量较大，且施工场地较小，短时间抢筑相当困难，一般在汛前将圈堤两侧部分修好，中间留下缺口，并备足土料、土袋等，根据洪水预报临时封堵缺口。

二、漫溢抢护

涵洞式水闸埋设于堤内，防漫溢措施与堤坝的防漫溢措施基本相同，对开敞式水闸的防漫溢处理技术如下：

1. 漫溢原因

设计挡洪水标准偏低或河床淤积，洪水位超过闸门或胸墙顶高程，如不及时采取防护措施，洪水会漫过门顶或胸墙跌入闸室，危及闸身安全。

2. 处理技术

（1）无胸墙开敞式水闸。如闸孔跨度不大，可焊接一平面钢架，其网格不大于0.3m×0.3m，将钢架吊入闸门槽内，置放于关闭的工作闸门顶上，靠近门槽下游侧，然后在钢架前部的闸门顶部分层铺放土袋，临水面放置土工膜或篷布挡水。宽度不足，可以搭接，搭接长度不小于0.2m，如工作闸门顶宽度不足，也可改土袋为厚木板，严密拼接靠在钢架上，压紧木板，防止漂浮，如图6-61所示。

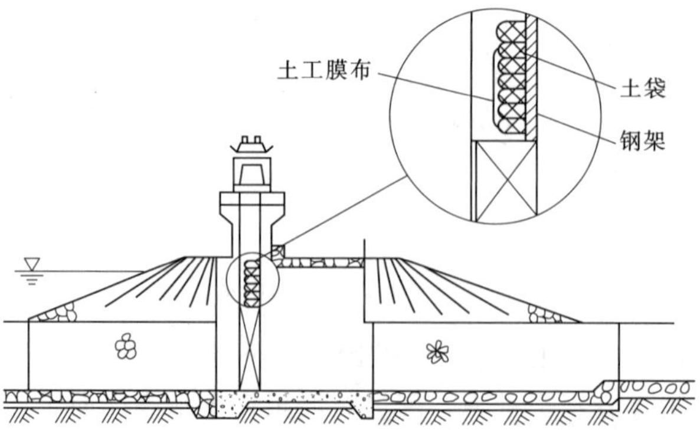

图 6-61 无胸墙开敞式水闸漫溢抢险示意图

(2) 有胸墙开敞式水闸。利用闸前工作桥在胸墙顶部堆放土袋，临水面压放土工膜或篷布挡水。也可采取在胸墙顶与启闭台大梁间浆砌砖，上游面用砂浆抹面，并将大梁至墙顶空间封死以挡水，如图6-62所示。

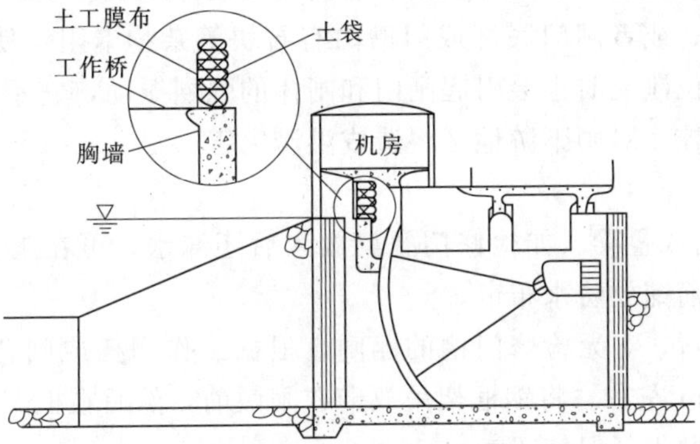

图6-62　有胸墙开敞式水闸漫溢抢险示意图

上述抢护堆放土袋，应与两侧堤坝衔接，共同挡御洪水。如洪水位超过顶高，应考虑抢筑围堤挡水，以保证闸的安全。

三、上下游险情抢护

在汛期高水位时，水闸关门挡水或泄洪闸开闸泄洪，时常会出现上下游护坡、防冲槽、护底、消力池及翼墙等被淘刷、蛰陷、倾斜甚至倒塌等险情，如不及时抢护，必将危及闸涵安全。

1. 出险原因

闸前遭受大流顶冲，风浪淘刷；闸下游泄流不匀，出现折冲水流，或溢洪道超标准运用；消能设计不合理，使消能工、岸墙、护坡、海漫及防冲槽等受到严重冲刷，使砌体冲失、蛰裂、坍陷形成淘刷坑。

2. 处理技术

上下游险情的抢护原则是固基缓流，增强抗冲能力。具体抢护技术有：

(1) 抛投抗冲体。在冲刷部位抛投块石、混凝土块、铅丝石笼、竹篾石笼，装土的麻袋、草包、工土布编织袋，也可抛柳石枕。

(2) 土工编织布防冲。先用黄沙密实回填冲刷坑，黄沙上铺盖编织布，再用编织袋装沙压盖土工布。

(3) 潜锁坝。涵闸下游海漫或河床被淘刷危及建筑物安全时，可在下游修潜锁坝，用以抬高尾水尾，降低水面比降和流速而防止冲刷。

(4) 筑导流墙。如溢流道尾水渠接近土坝坝脚，溢洪时对坝脚产生冲刷，除对冲刷部位进行抢护外，可能时，还可用沙土袋抢筑导流墙，将尾水和坝脚隔离。

四、闸门启闭失灵抢护

闸门启闭失灵的主要原因是闸门变形、丝杆扭曲、启闭设备损坏、地脚螺栓松动、钢丝绳断裂、滚轮失灵及闸门震动等，往往造成闸门关不上、提不起或卡住，而导致运用失控，危及闸身安全。

1. 闸门失控

（1）失控原因。闸门变形、丝杆扭曲、启闭装置故障或机座损坏、地脚螺栓失效以及卷扬机钢丝绳断裂等；或者闸门底部或门槽内有石块等杂物卡阻，使闸门难以关闭挡水。有时某些水闸在高水位泄流时也会引起闸门和闸体的强烈振动，它不仅危及水闸本身的安全，并由于对洪水失控，对闸下游地区将造成洪涝灾害。

（2）抢堵方法。

1）吊放检修闸门或叠梁。如检修门叠梁放入后还漏水，可在工作门与检修门之间抛填土料，或在检修门前铺放防水布帘。

2）框架-土袋屯堵。对无检修门槽的涵闸，根据工作门槽或闸孔跨度，焊制钢框架，框架网格 0.3m×0.3m 左右。将钢框架吊放卡在闸墩前，然后在框架前抛填土袋，直至高出水面，并在土袋前抛土，促使闭气。

2. 闸门漏水

（1）漏水原因。闸门止水安装不善或久用失效，造成严重漏水，给闸下游带来危害。

（2）抢堵处理技术。在关门挡水条件下，应从闸上游接近闸门，用沥青麻丝、棉纱团、棉絮等填塞缝隙，并用木楔挤紧。有的还可用直径约 10cm 的布袋，内装黄豆、海带丝、粗沙和棉絮混合物，堵塞闸门止水与槽上下左右间的缝隙。木闸门漏水，可用布条、柏油、木条或木板等修补堵塞。

3. 启闭机螺杆弯曲

（1）事故原因。对使用手电两用螺杆式启闭机的涵闸，由于开度指示器不准确，或限位开关失灵、电机接线相序错误、闸门底部有石块等障碍物，致使闭门力过大，超过螺杆许可压力而引起纵向弯曲。

（2）抢修方法。在不可能将螺杆从启闭机拆下时，可在现场用活扳手、千斤顶、支撑杆件及钢撬等器具进行矫直。将闸门与螺杆的连接销子或螺栓拆除，把螺杆向上提升，使弯曲段靠近启闭机，在弯曲段的两端，靠近闸室侧墙设置反向支撑，然后在弯曲凸面用千斤顶徐徐加压，将弯曲段矫直，如图 6-63 所示。若螺杆直径较小，经拆卸并支承定位后，可用图 6-64 所示的手动螺杆矫正器将弯曲段矫直。

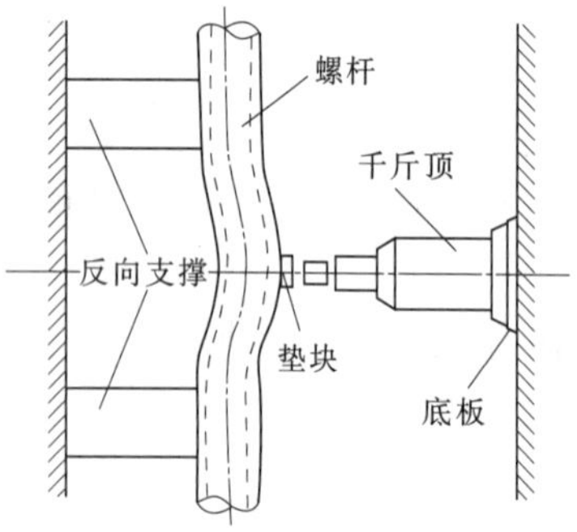

图 6-63 千斤顶矫正螺杆弯曲段示意图

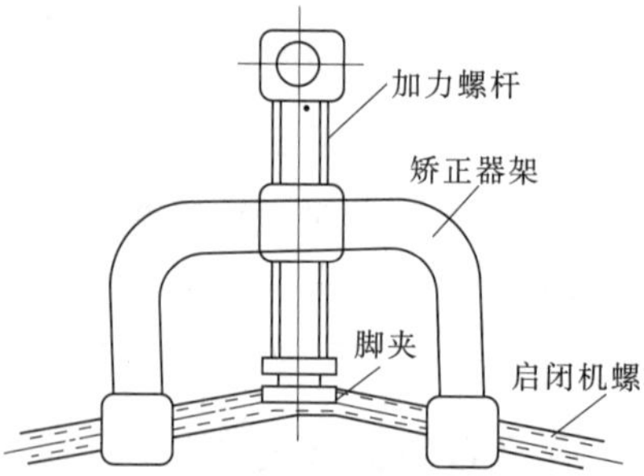

图 6-64 手动螺杆矫正器示意图

参 考 文 献

[1] 国家防汛抗旱总指挥部办公室. 防汛抗旱专业干部培训教材 [M]. 北京：中国水利水电出版社，2010.

[2] 国家防汛抗旱总指挥部办公室. 防汛抗旱行政首长培训教材 [M]. 北京：中国水利水电出版社，2006.

[3] 亚行技援中国干旱管理战略研究课题组. 中国干旱灾害风险管理战略研究 [M]. 北京：中国水利水电出版社，2011.

[4] 中华人民共和国水利部. 全国节水灌溉规划. 2007.

[5] 曾越，刘青娥. 干旱灾害及供水危机应急管理技术 [M]. 北京：中国水利水电出版社，2015.

[6] 曾越，陆隽，蔡旭东. 防洪抢险技术 [M]. 北京：中国水利水电出版社，2013.

[7] 蒋伯杰，曾越，李杨红. 洪水危机应急预案编制和处理技术 [M]. 北京：中国水利水电出版社，2009.

[8] 束一鸣. 防汛抗旱与应急管理 [M]. 南京：河海大学出版社，2012.

[9] 王春林，陈慧华，唐力生. 广东省气象干旱图集 [M]. 北京：中国科学技术出版社，2013.

[10] 王义成. 世界洪水管理理念与实践 [M]. 北京：中国水利水电出版社，2007.

[11] 王丽萍，边玮. 洪水风险管理与保险 [M]. 北京：科学出版社，2008.

[12] 裴宏志，曹淑敏，王慧敏. 城市洪水风险管理与灾害补偿研究 [M]. 北京：中国水利水电出版社，2008.

[13] 吕娟. 抗旱知识手册 [M]. 武汉：长江出版社，2010.

[14] 中华人民共和国水利部. SL 663—2014 干旱灾害等级标准. 北京：中国水利水电出版社，2014.

[15] 国家气候中心，中国气象科学研究院，国家气象中心，等. GB/T 20481—2006 气象干旱等级. 北京：中国标准出版社，2006.

[16] 广东省防汛防旱防风总指挥部办公室. 广东省防汛防旱防风工作手册. 2006.

[17] 广东省防汛防旱防风总指挥部，广东省水利厅. 广东水旱风灾害 [M]. 广州：暨南大学出版社，1997.

[18] 万海斌. 抗洪抢险成功百例 [M]. 北京：中国水利水电出版社，2000.

[19] 水利部黄河水利委员会，黄河防汛总指挥部办公室. 防汛抢险技术 [M]. 郑州：黄河水利出版社，2000.

[20] 牛运光. 防汛与抢险 [M]. 北京：中国水利水电出版社，2003.

[21] 赵绍华. 防洪抢险技术 [M]. 北京：中央广播电视大学出版社，2003.

[22] 周卫民，陈柏荣，章喆. 防洪与抢险技术 [M]. 郑州：黄河水利出版社，2010.

[23] 薛澜. 危机管理：转型期中国面临的挑战 [M]. 北京：清华大学出版社，2003.